动画制作

动画制作1+X证书丛书编委会◎主编

初级

清华大学出版社
北京

内容简介

《动画制作（初级）》是中国动漫集团 1+X 动画制作职业技能等级考试指定用书。本书讲解了动画制作全流程中分镜脚本、概念设计、影像采集、二维制作、三维制作、角色动画、镜头剪辑、视效合成、引擎动画九个核心岗位的基础知识，使读者能够初步进行相应岗位常规内容的加工制作。

全书由具有丰富教学经验的院校教师共同编写，得到国内多家知名动漫企业的技术支持。本书中的案例均为企业授权的实际项目案例，具有较强的实操指导意义。本书以产学研用一体化为特色，结合产业实际，依托院校教学，注重岗位导向，助力我国动画制作技能型人才的培养。

本书可作为院校动画制作相关专业的教学用书，也可作为动画制作相关行业从业人员的参考用书。

图书在版编目(CIP)数据

动画制作：初级 / 动画制作 1+X 证书丛书编委会主编 .—北京：清华大学出版社，2022.4
ISBN 978-7-302-60160-9

Ⅰ.①动… Ⅱ.①动… Ⅲ.①动画制作软件－职业技能－鉴定－教材 Ⅳ.① TP391.414

中国版本图书馆 CIP 数据核字（2022）第 030439 号

责任编辑：杜　杨
封面设计：杨玉兰
责任校对：徐俊伟
责任印制：丛怀宇

出版发行：清华大学出版社
　　　　　网　　　址：http://www.tup.com.cn，http://www.wqbook.com
　　　　　地　　　址：北京清华大学学研大厦 A 座　　　　　　邮　　编：100084
　　　　　社 总 机：010-83470000　　　　　　　　　　　　邮　　购：010-83470235
　　　　　投稿与读者服务：010-62776969，c-service@tup.tsinghua.edu.cn
　　　　　质 量 反 馈：010-62772015，zhiliang@tup.tsinghua.edu.cn
印 装 者：小森印刷（北京）有限公司
经　　销：全国新华书店
开　　本：188mm×260mm　　　印　　张：16.25　　　字　　数：365 千字
版　　次：2022 年 4 月第 1 版　　　印　　次：2022 年 4 月第 1 次印刷
定　　价：79.00 元

产品编号：093147-01

1+X动画制作职业技能等级证书丛书编撰团队

丛书编撰工作组

组　　　长：宋　磊

副 组 长：张志鹏　杨为一　李　勇

牵头负责人：管郁生

编委会秘书：余鑫迪　常　倩

丛书编委会委员（按姓氏拼音排序）

程亚娟　崔文宇　管郁生　韩　阳　黄梅娟　金　琼　雷　涛　李立新　李子健

梁景红　林大为　刘　高　刘婧婧　刘毛毛　刘　敏　刘元臻　吕明明　单学军

孙　睿　孙　准　汪　宁　王栋梁　王　峰　王可心　王　嵋　王　颖　王亦飞

王振华　吴伟峰　谢　彦　许陈哲　徐　健　杨　奥　杨春玉　杨明惠　叶维中

张　灿　张　杰　张　锰　朱　伟

本书各章作者

第1章　分镜脚本——金　琼

第2章　概念设计——管郁生

第3章　影像采集——杨　奥

第4章　二维制作——吴伟峰

第5章　三维制作——刘婧婧

第6章　角色动画——黄梅娟

第7章　镜头剪辑——张　灿

第8章　视效合成——许陈哲

第9章　引擎动画——李子健

序　言

　　动漫产业是一个朝阳产业。2019年，中国动漫产业产值达1941亿元，在动画电影、网络动漫等领域体现出巨大的市场空间和增长速度。《哪吒之魔童降世》获得超过50亿元的票房，引发社会关注。《斗罗大陆》网络动画在2021年6月正式突破300亿次点击量大关，这一数据超过了99%的真人电视剧。

　　一方面，动漫产品作为一种具有集成性艺术魅力的文化产品，正越来越受到市场认可；另一方面，动画技术作为一种具有共通性服务价值的技术功能，正越来越广泛地应用在影视、游戏、教育、医疗、建筑、旅游等其他行业中。选择动画作为神圣的职业追求，选择动漫产业作为人生奋斗的方向，是大有可为的。

　　当然我们也注意到，前几年有新闻说动画成了"红牌"专业，学生毕业很难找到工作。这不是动画行业本身出了问题，而是我们的动画专业教学内容与市场行业所需技能有所脱节，教育没有很好地培养出企业所需的人才造成的。中国动画行业每年的人才缺口实际很大。有数据统计，仅动漫行业内部就有近30万人的缺口，如果再加上游戏、影视等相关行业，就有近60万人的需求。

　　中国动漫产业主要需要三类人才：创意型人才、技术型人才、经营型人才。创意型人才需要一点天生的才华，这种才华有时候是教不出来的。经营型人才需要大量的市场项目积累，这种积累也不是通过在学校学习就能掌握的。但是技术型人才不同，这类人是完全可以通过职业教育培训出来的，是完全可以做到"即插即用"的。

　　现在国家大力发展职业教育，可以说动画职业教育正在迎来发展的历史机遇。动画制作是动漫产业中最基本的职业技能。中国动漫集团2020年申报教育部获批的1+X动画制作职业技能等级证书，就是集团在动画职业教育领域的新探索，是集团贯彻国家教育政策，助力动画职业教育人才培养的新起步。

　　为了开展好动画制作1+X证书的有关工作，半年多来，我们先后调研了七个省市自治区多家开设有动画专业的院校，与院系领导沟通了解学校教育需求和难点痛点所在。我们对动画制作1+X证书从教材编写到培训考证等方面都进行了有针对性的设计，特别是将企业项目前期深度植入进来。教材编的是实际的项目，培训教的是实际的项目，考核考的是实际的项目。这是一次创新。我们希望切实做到产教融合和课证融通，通过企业项目的引入使学生的职业技能更加对准市场所需，通过带项目进学校在动画领域探索新型学徒制。

　　我们将动画制作职业技能分为初级、中级、高级三个等级。每个等级均围绕分镜脚本、概念设计、影像采集、二维制作、三维制作、角色动画、镜头剪辑、视效合成、引擎动画9个核心岗位的需求，明确了职业技能的要求。目前，经过修改的《动画制作职业技能等级标准》已经拓展到适合中等职业学校、高等职业学校、应用型本科学校、高等职业技术本科学校等超过50个专业的需求，使动画制作职业技能的服务面越来越宽，适用性越来越广。

本教材按照动画制作不同核心岗位的职业技能要求编写，也分为初级、中级、高级三个等级，将为不同基础、不同能力、不同目标的人员提供学习参考。

同时，我们也特别重视通识性知识在动画制作职业技能人才培养中的重要作用。好的动画制作人才不仅要掌握制作技术，也要理解动画艺术，具备鉴赏能力，了解产业知识。我们将通过《卡通形象营销学》《中国动漫产业评论》等十数本教辅系列图书来共同协助构建动画制作人员的知识体系。

期待本教材能更好地助力动画制作职业技能人才培养，为我国动漫事业发展添砖加瓦。

中国动漫集团发展研究部主任

宋磊

前　言

1. 关于评价组织

中国动漫集团有限公司（以下简称集团）是由财政部代表国务院履行出资人职责，由文化和旅游部主管的文化央企。集团以"服务动漫产业，普及动漫文化"为使命，以"平台+内容"双轮驱动为战略，以"动漫+文旅"为主业。

集团建设运营了"国家动漫游戏综合服务平台"（国漫平台）和"国家动漫创意研发中心"项目，联合有关机构建设了沉浸式交互动漫文化和旅游部重点实验室；联合出品了《波鲁鲁冰雪大冒险》《彩虹宝宝》《二十四节气》《南丰先生》《甲午海战VR》《敦煌飞天VR》等动漫影视、VR和绘本产品；2011年起制作并在央视播出了三届动漫春节联欢晚会；承办由文化和旅游部主办的中国国际网络文化博览会，创办了中国动漫产业年会、中国卡通形象营销大会、数字艺术产业高峰论坛等特色活动；在北京、湖北和江西等地联合开展动漫科技产业园、文旅综合体建设；在文化艺术高端人才培训、艺术品展览等经营管理方面积累了丰厚经验；定期编发智库产品《国漫研究》（动漫行业月报）。

2. 内容介绍

《动画制作（初级）》教材从强化培养动画制作操作技能，掌握实用制作技术与艺术创作技能的角度出发，较好地体现了当前新的实用知识与制作技术，对于提高从业人员基本素质，掌握动画制作初级制作岗位的职业核心知识与技能有很好的帮助和指导作用。

在编写中，根据本职业的工作特点，以能力培养为根本出发点，采用模块化的编写方式。内容共分为三大流程、9个章节，主要内容包括项目前期分镜脚本、概念设计、影像采集，中期二维制作、三维制作、角色动画，后期镜头剪辑、视效合成、引擎动画。每一章着重介绍相关专业理论知识与专业制作技能，使理论与实践得到有机的结合。

为方便读者掌握所学知识与技能，本书每章后附有实操考核项目。更多线上学习资源可在1+X动画制作职业技能等级证书官方网站（www.asiacg.cn）获取。

本书可作为动画制作（初级）职业技能培训与鉴定教材，也可供全国中、高等职业院校相关专业师生，以及相关从业人员参加职业培训、岗位培训、就业培训使用。

作者简介

宋磊

　　文化和旅游部青年拔尖人才，中国文艺评论家协会会员，现任中国动漫集团发展研究部主任，在国内主流媒体和核心期刊上发表动漫方面文章140余篇，著有《卡通形象营销学》等6部学术专著。

金琼

　　安徽巢湖人，1987年生，动漫设计与理论研究方向硕士研究生，合肥职业技术学院艺术设计教研室主任，动漫制作技术专业负责人，省级动漫特色专业教学资源库项目负责人，巢湖动漫产业协会副会长，动画片《巢湖漫游记》《反诈急先锋》执行导演。

管郁生

　　国家艺术基金人才培养项目特约专家，上海市教委教育评估所行业评估专家，WACOM 中国数字教育委员会专家，世界图形图像协会上海分会副理事长，上海市教委园丁奖获得者，原上海美术电影制片厂场景设计师，北京人民大会堂国宴厅大型漆器壁画创作者。

杨奥

　　合肥师范学院艺术传媒学院动画系骨干教师，WACOM中国特约讲师，主编有《分镜设计》《角色设计》等多部动画专业教材，电影《玄灵界》美术指导，国际田联邀请赛北京站动画导演。

吴伟峰

　　无锡工艺职业技术学院传媒艺术与设计学院副院长，教育部职业院校艺术设计类专业教学指导委员会动漫数字专门委员会副秘书长，世界动画协会会员，中国电影电视技术学会会员。

刘婧婧

毕业于哈尔滨工业大学，主要从事三维教学。其作品获国际权威CG论坛CGTalk金奖等多项奖项并刊载于英国CG期刊3D Artist等；联合出版书籍《影视动画CG角色创作揭秘》；作为中国地区五位代表之一参加Vray官方全球线上活动。

黄梅娟

副教授，省级教学名师、省级优秀教师、省级优秀共产党员，动漫专业带头人。近年来，主参编教材八本，主持教科研项目十余项，其中主讲课程《Maya动画》是省级精品视频公开课程、省级课程思政示范课、省级"双基"示范课。

张灿

江苏南通人，硕士，任教江苏工程职业技术学院，研究方向为数字媒体艺术设计，学科带头人，专业负责人，Adobe（中国）认证教师，工艺美术师。

许陈哲

江苏南通人，硕士，任教江苏工程职业技术学院，研究方向为数字媒体艺术设计，短视频拍摄制作方向专业负责人，Adobe（中国）认证教师，室内软装设计师。

李子健

华中师范大学美术学院数字媒体艺术专业教师。研究方向为虚拟现实、游戏设计、交互设计等，相关作品入选全国美展，获国际游戏创意大赛一等奖、中国应用游戏大赛三等奖，主持设计多项大型工程数字三维仿真系统。

目　录

第1章　分镜脚本

1.1　岗位描述 ··· 1
　1.1.1　岗位定位 ································· 1
　1.1.2　岗位特点 ································· 2
　1.1.3　工作重点和难点 ················· 2
　1.1.4　代表案例 ································· 2
　1.1.5　代表人物 ································· 5
1.2　知识结构与岗位技能 ············· 6
　1.2.1　知识结构 ································· 6
　1.2.2　岗位技能 ································· 7
1.3　标准化制作细则 ······················· 8
　1.3.1　文字分镜的标准化制作流程 ······· 8

　1.3.2　静态画面分镜的标准化制作流程 ··· 12
　1.3.3　动态画面分镜的标准化制作流程 ··· 17
1.4　岗位案例解析 ························· 18
　1.4.1　前期素材准备 ················· 18
　1.4.2　编写文字分镜头 ············· 24
　1.4.3　场面调度设计 ················· 24
　1.4.4　分镜小草图的绘制 ········· 25
　1.4.5　最终分镜稿的绘制 ········· 25
　1.4.6　电子分镜的绘制 ············· 26
1.5　实操考核项目 ························· 29

第2章　概念设计

2.1　岗位描述 ··································· 35
　2.1.1　岗位定位 ····························· 36
　2.1.2　工作重点和难点 ················· 36
2.2　知识结构与岗位技能 ············· 36
　2.2.1　知识结构 ····························· 36
　2.2.2　岗位技能 ····························· 37
2.3　标准化制作细则 ····················· 37

　2.3.1　正面头骨骨骼与角色分形归纳 ··· 38
　2.3.2　侧面头骨骨骼与角色分形归纳 ··· 40
　2.3.3　空间中头部骨骼分形空间占有
　　　　 方式 ····································· 41
　2.3.4　角色核心底层特征类比区分 ··· 42
2.4　岗位案例解析 ························· 44
2.5　实操考核项目 ························· 44

第3章　影像采集

3.1　岗位描述 ··································· 47
　3.1.1　岗位定位 ····························· 47
　3.1.2　岗位特点 ····························· 48
　3.1.3　工作重点和难点 ················· 48

　3.1.4　代表案例 ····························· 48
　3.1.5　代表人物 ····························· 51
3.2　知识结构与岗位技能 ············· 53
　3.2.1　知识结构 ····························· 53

3.2.2 岗位技能 ······· 54

3.3 标准化制作细则 ········· 60

3.3.1 常规地面拍摄任务 ······· 61

3.3.2 无人机 ················· 68

3.4 岗位案例解析 ··········· 72

3.5 实操考核项目 ··········· 80

第4章 二维制作

4.1 岗位描述 ················· 82

4.1.1 岗位定位 ············· 83

4.1.2 岗位特点 ············· 84

4.2 知识结构与岗位技能 ····· 84

4.2.1 原画与动画的关系 ····· 84

4.2.2 知识结构 ············· 86

4.2.3 岗位技能 ············· 89

4.3 标准化制作细则 ········· 91

4.3.1 传统动画（中间画）的绘制方法 ···91

4.3.2 数媒动画（中间画）的绘制技巧 ···91

4.3.3 表现技巧 ············· 92

4.4 岗位案例解析 ··········· 93

4.4.1 基础表情动画绘制 ········· 93

4.4.2 基础转头动画绘制 ········· 95

4.4.3 进阶转头动画绘制 ········· 96

4.5 实操考核项目 ··········· 98

第5章 三维制作

5.1 岗位描述 ················102

5.1.1 岗位定位 ·············102

5.1.2 岗位特点 ·············103

5.1.3 工作重点和难点 ·······104

5.2 知识结构与岗位技能 ·····105

5.2.1 知识结构 ·············105

5.2.2 岗位技能 ·············106

5.3 标准化制作细则 ·········107

5.3.1 曲面模型制作 ·········107

5.3.2 多边形模型制作 ·······108

5.4 岗位案例解析 ···········121

5.4.1 低模手绘场景：南瓜屋 ···121

5.4.2 次时代角色建模：饥饿鲨鱼 ······142

5.4.3 工业产品建模：32.98m玻璃钢拖网

渔船 ·················149

5.5 实操考核项目 ···········156

第6章 角色动画

6.1 岗位描述 ················167

6.1.1 岗位定位 ·············167

6.1.2 岗位特点 ·············168

6.1.3 工作重点和难点 ·······168

6.1.4 代表案例 ·············168

6.1.5 代表角色 ·············168

6.2 知识结构与岗位技能 ·····168

6.2.1 知识结构 ·············169

6.2.2 岗位技能 ·············169

6.3 标准化制作细则 ·········170

6.3.1 角色绑定与蒙皮 ·······171

6.3.2 动作调试 ·············171

6.4 岗位案例解析 ···········172

6.4.1 角色绑定、蒙皮、权重 ···173

6.4.2 角色行走动画 ·········176

6.5 实操考核项目 ···········178

第7章 镜头剪辑

7.1 岗位描述 …………………………… 181	7.3.1 仪器设备使用 ………………… 185
7.1.1 岗位定位 ………………… 182	7.3.2 Premiere技术应用 ………… 185
7.1.2 岗位特点 ………………… 182	7.3.3 Photoshop技术应用 ……… 186
7.1.3 工作重点和难点 ………… 183	7.4 岗位案例解析 …………………… 187
7.2 知识结构与岗位技能 …………… 183	7.4.1 案例内容 ………………… 187
7.2.1 知识结构 ………………… 183	7.4.2 案例步骤 ………………… 187
7.2.2 岗位技能 ………………… 184	7.4.3 案例解析 ………………… 196
7.3 标准化制作细则 ……………… 185	7.5 实操考核项目 …………………… 197

第8章 视效合成

8.1 岗位描述 …………………………… 202	8.3.1 合成制作规范 …………… 207
8.1.1 岗位定位 ………………… 202	8.3.2 特效制作规范（后期、特效）…… 209
8.1.2 岗位特点 ………………… 203	8.3.3 审核标准 ………………… 209
8.2 知识结构与岗位技能 …………… 203	8.3.4 工作职责 ………………… 209
8.2.1 知识结构 ………………… 203	8.4 岗位案例解析 …………………… 210
8.2.2 岗位技能 ………………… 204	8.5 实操考核项目 …………………… 218
8.3 标准化制作细则 ……………… 207	

第9章 引擎动画

9.1 岗位描述 …………………………… 219	9.3.4 雾气 ……………………… 226
9.1.1 岗位定位 ………………… 219	9.4 岗位案例解析 …………………… 227
9.1.2 岗位特点 ………………… 220	9.4.1 导入模型和贴图资源……… 227
9.1.3 工作重点和难点 ………… 220	9.4.2 创建材质球 ……………… 228
9.2 知识结构与岗位技能 …………… 220	9.4.3 地形工具 ………………… 230
9.2.1 知识结构 ………………… 221	9.4.4 植物工具 ………………… 232
9.2.2 岗位技能 ………………… 221	9.4.5 模型导入场景 …………… 232
9.3 标准化制作细则 ……………… 221	9.4.6 灯光 ……………………… 232
9.3.1 材质基础 ………………… 221	9.4.7 雾气 ……………………… 234
9.3.2 地形工具 ………………… 223	9.5 实操考核项目 …………………… 235
9.3.3 光源 ……………………… 225	

附录A 职业技能等级证书标准说明

附录B 职业技能考核培训方案准则

第1章
分镜脚本

 培养目标

  本专业培养与我国社会主义现代化建设要求相适应，德、智、体、美全面发展，具备常规视频类项目分镜脚本绘制的综合职业能力，具备分镜设计师的基本职业素质及岗位技能，能灵活运用表演、透视、视听语言等基本知识技能从事文字分镜编写、静态分镜绘制、动态分镜制作等常规工作，能在动漫、短视频、商业视频等企业生产服务一线工作的高素质劳动者和技能型人才。

就业面向

  主要面向动漫、广告、短视频、自媒体、常规商业视频等领域，在文化传媒、动画制作、影视广告、短视频制作等行业中的相关企业，从事文字分镜编写、静态分镜绘制、动态分镜制作等常规工作。

1.1 岗位描述

  "分镜脚本"是动画影视类动态媒体工作的蓝图，是进行拍摄和制作的前期设计框架，在实际工作中发挥着举足轻重的作用。是动漫、广告、短视频、自媒体、常规商业视频等企业在日常工作中必不可少的工作环节，需要引起足够的重视。由于不同企业所涉及的工作任务、工作性质略有区别，因此，其岗位要求、工作重点、工作流程等方面也有所不同。

1.1.1 岗位定位

  本岗位适用于动漫、广告、短视频、自媒体、常规商业视频等企业，能了解导演的创作意图，掌握文字分镜编写、静态分镜绘制、动态分镜制作的基本原理知识及制作规范，可以胜任动漫、广告、短视频、自媒体、常规商业视频等常规视频分镜师岗位的项目制作工作内容。

1.1.2 岗位特点

- 能充分领会导演的意图，掌握文字分镜、静态分镜、动态分镜制作的基本格式，了解制作的内容和要求；
- 有一定的文学素养，能使用画面化的语言讲故事；
- 手绘基本功扎实，能够按照文字的镜头描述及导演的意图，完成镜头的绘制；
- 理解人物和场景的透视基本原理，能够根据镜头机位，准确完成相应镜头的人物及场景的透视关系绘制工作；
- 掌握表演的基本风格，理解分镜中人物关键动作、表情的绘制要求，掌握分镜中独角戏、对手戏、群戏的表演技巧，能运用表演的基本知识完成镜头的绘制任务；
- 熟练掌握视听语言，能运用视听语言原理知识完成动漫、广告、短视频、自媒体、常规商业视频等常规视频分镜师岗位的项目制作任务。

1.1.3 工作重点和难点

- 了解分镜脚本的基本概念，进行画分镜前的准备工作，熟悉不同类型分镜脚本的制作流程；
- 掌握文字分镜、静态分镜、动态分镜制作的基本格式，熟悉镜头制作的内容和要求；
- 完成分镜中的人物表演：表演风格的确定，分镜中的关键动作，人物的表情设计，独角戏、对手戏、群戏的表演技巧，表演技巧的提高；
- 掌握分镜中的透视应用：透视的基本原理，视角改变后的透视变形，摇镜中的背景透视变形；
- 掌握视听语言的分镜头应用：镜头的基础知识，镜头的内容，镜头的构图法则，镜头中的轴线法则，镜头的连贯性，镜头中的场面调度，镜头中的蒙太奇，镜头的组接技巧，镜头的时间掌握和节奏控制。

1.1.4 代表案例

代表案例如图1-1、图1-2、图1-3、图1-4所示。

图1-1 《狄仁杰之通天帝国》徐克 分镜里的对打场景

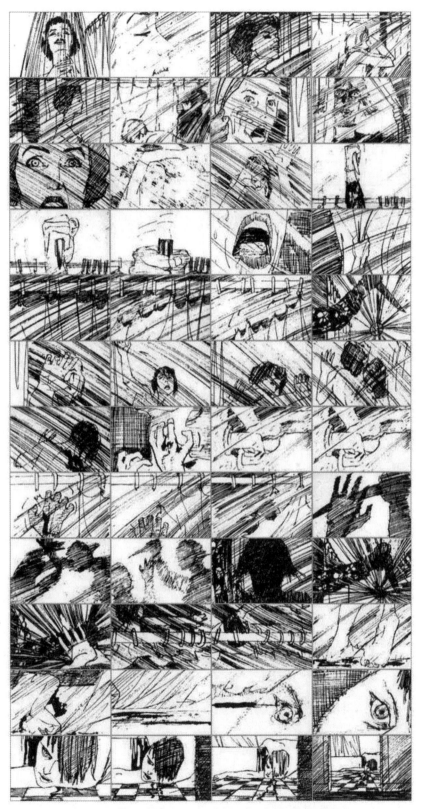

图1-2 《惊魂记》Psycho（1960）（来自百度图片）

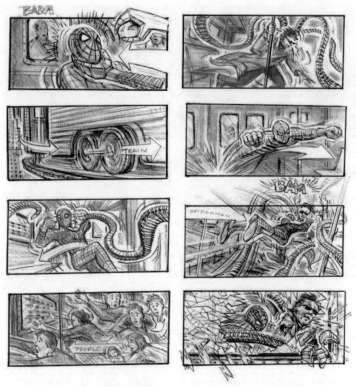

图1-3　《蜘蛛侠2》Spiderman（2004）（来自搜狐网）

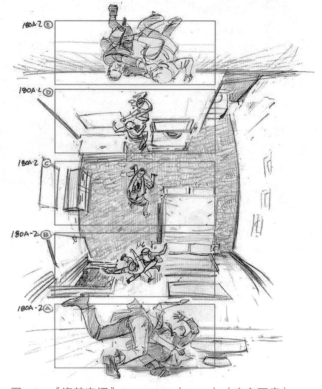

图1-4　《盗梦空间》Inception（2010）（来自百度）

1.1.5　代表人物

下面介绍几位著名的动画分镜师（也是导演）。

1. 宫崎骏

1941年1月5日出生于日本东京都文京区，日本动画师、动画制作人、漫画家、动画导演、动画编剧。

1963年进入东映动画公司，从事动画师工作。1971年加入手冢治虫成立的"虫Production动画部"。1974年加入Zuiyou映像与高田勋、小田部羊一共同创作《阿尔卑斯山的少女》。1979年转入东京电影新社创作了自己首部电影《鲁邦三世卡里奥斯特罗之城》。1982年开始独立创作漫画，在*Animage*上连载漫画《风之谷》，该作品获得第23届日本漫画家协会赏。1984年执导《风之谷》，该片获得罗马奇幻电影节最佳动画短片奖等4项大奖。

1985年与高田勋、铃木敏夫共同创立吉卜力工作室。1986年执导《天空之城》，该片获得第41届每日电影奖大藤信郎赏等6项大奖。1988年执导《龙猫》，该片荣获第13届报知电影奖最佳导演奖等24项大奖。1997年执导《幽灵公主》，该片荣获第21届日本电影学院奖最佳影片奖等27项大奖。2001年执导《千与千寻》，该片荣获第75届奥斯卡金像奖最佳动画长片奖、第52届柏林国际电影节金熊奖等9项大奖。2004年执导《哈尔的移动城堡》，该片荣获第9届好莱坞电影奖最佳动画片奖等8项大奖。

2013年执导《起风了》，该片荣获第37届日本电影学院奖最优秀动画作品奖等8项大奖，也是其最后长篇作品。同年9月6日宣布引退。2014年11月8日荣获第87届奥斯卡金像奖终身成就奖。

2. 手冢治虫

男，本名手冢治，因喜爱昆虫而取了"手冢治虫"的笔名，日本漫画家、动画制作人、医学博士。

1947年以漫画《新宝岛》奠定了日本漫画的叙述方式，创立了日本漫画意识形态，极大地扩张了新漫画的表现力。1952年其作品《铁臂阿童木》轰动日本，1953年的《缎带骑士》则是公认的世界第一部少女漫画。漫画作品《火之鸟》至今被普遍认为是日本漫画界最高杰作。

同时，他也是日本第一位导入助手制度与企业化经营的漫画家。1961年成立"虫Production动画部"，翌年以"虫制作株式会社"的名义开始活动，日本第一部多集TV动画《铁臂阿童木》、第一部彩色多集TV动画《森林大帝》均诞生于此。1973年以作品《怪医黑杰克》打动全国读者，创下多项纪录。同时，为建立日本卡通工业，他也不断将其产值的大部分投资于培养动漫画人才。

3. Josh Cooley

在皮克斯工作了十几年的分镜师。作为分镜师（故事版）参与的动画电影包括了
《汽车总动员》《飞屋环游记》《超人特攻队》《料理鼠王》。

 1.2 知识结构与岗位技能

分镜脚本所需的专业知识与职业技能如表1-1所示。

表1-1　专业知识与职业技能（初级）

岗位细分	理论支撑	技术支撑	岗位上游	岗位下游
文字分镜	大学语文 动画剧本 视听语言 动画编导	Word Excel	动画剧本 视听语言	静态脚本 动态脚本 动画设计
静态分镜	角色造型设计 场景设计 基础构成 色彩学 视听语言	Photoshop Moho Flash	动画剧本 视听语言 影像采集 文字脚本	动态分镜 概念设计 引擎动画 动画设计
动态分镜	角色造型设计 场景设计 基础构成 色彩学 视听语言	ToonBoom Storyboard Flash	影像采集 文字脚本 动画剧本 视听语言 静态分镜	动画设计 引擎动画

1.2.1　知识结构

分镜脚本是动画前期制作的关键环节，是整部动画作品制作的蓝图和依据。要成为
一名分镜师，不仅需要有坚实的理论基础和扎实的手绘功底，还要掌握视听语言相关知
识技能，并能够运用相关软件完成分镜脚本的绘制工作。需掌握的知识如下：

- 大学语文：文字分镜的编写，需要设计师具备一定的文学素养和人文情怀，能
  够用语言文字，描述画面的内容，能够熟读剧本，并提炼剧本和导演的意图，
  完成相应的工作。
- 动画剧本：一部视频作品的产生通常都需要一个想法、一个框架，这就是剧
  本。文字脚本、静态脚本、动态脚本都需要在熟读剧本的基础之上，才能够进
  行创作，所以，剧本是作品的灵魂，一部作品的好坏是由剧本来决定的。

- 视听语言：分镜脚本设计师要能够驾轻就熟地画出各种镜头的画面，需要用画面和声音来讲故事，知道怎样设计、串联镜头画面。掌握轴线法则、镜头运动、转场技巧、景别等理论知识，能够运用相关知识完成岗位工作。
- 动画编导：分镜师在创作分镜的过程中需要充分领悟导演的意图，熟练掌握剧本，所以需要掌握动画编剧和动画导演的基本知识，并用来设计创作分镜，需要对剧本的创作、影片的风格设定、影片的总体设计进行了解和掌握，提高分镜师的整体感知和创造力，以及整体创作水平，为完成岗位工作打下坚实基础。
- 角色造型设计：短视频、动画等商业视频的制作，大都需要角色的参与，具备一定的角色造型设计能力，是分镜设计师的基本素质。需要掌握角色转面、人体透视、角色动态、角色表情等造型基础知识，才能胜任分镜设计师这个工作岗位。
- 场景设计：分镜脚本的设计离不开人物活动的环境背景，因此场景设计是除角色、道具以外的一切对象的造型设计。分镜设计师需要掌握场景设计的技巧及注意事项，能运用场景设计原理知识完成分镜设计工作。
- 基础构成：动画对画面的构成和色彩的搭配要求很高，角色在画面中的位置、大小对人物的心理、情节气氛渲染都起到了非常重要的作用。色彩的使用也能够渲染气氛，刻画人物的内心，掌握一定的构成知识是分镜师必备的基本素质。
- 原画与运动规律：分镜设计需要表达清楚人物的动作。对于人物的表演，往往通过多画幅绘制表达一个系列的动作，并采用多 pose 标记人物动作的关键点，这就需要分镜师，具备原画师和动画师的专业技能，并能够应用到分镜的设计工作过程中。

1.2.2　岗位技能

不同公司、不同岗位对分镜制作的技能要求不一样，所以学生需要根据岗位需求，掌握一定的软件技能，才能完成相应的工作。

- Photoshop：很多分镜师喜欢使用 Photoshop 完成静态脚本的绘制，可以通过 Photoshop 的绘制工具、图层工具属性，完成分镜绘制工作。一般静态脚本使用 Photoshop 较多，需要配备手绘板完成绘制工作，需要具备一定的手绘功底和 Photoshop 软件技能，才能胜任该岗位的工作。
- ToonBoom Storyboard：全球首创专业电子分镜头（也称动态脚本）制作软件，广泛应用于动画故事板、电影故事板、广告故事板等故事板（分镜头）的创作。使用者可以制作含音轨的动态脚本。具备一定的手绘功底和 ToonBoom

Storyboard软件技能，可以胜任动态分镜岗位的工作。

- Moho：一款功能强大的2D动画制作软件，该软件能够给用户提供大量的专业动画制作工具和多种针对动画的优化绘图工具，且能够大大地提高工作效率，缩短用户的工作流程，使角色的创建简单快捷。其最大的特色就是角色骨骼创建系统，能够让动作更加流畅自然，在绘制动态分镜时，能够提升工作效率。具备一定的手绘功底和Moho软件技能，可以胜任动态分镜岗位的工作。

- Flash：一款专门用于网络设计的交互性矢量动画设计软件，因其在网络动画和电视动画制作领域的日益兴盛，常被用来制作静态画面分镜和动态画面分镜。制作方式有两种：纸上绘制之后导入Flash软件和直接在Flash软件中绘制。具备一定的手绘功底和Flash软件绘制分镜的技能，可以胜任分镜脚本设计师岗位的工作。

- Word/Excel：Word是文字编辑工具，Excel是表格编辑工具，文字分镜的编写需要分镜人员掌握Word/Excel的基本技能，一般包括镜号、时间、机位、角度、画面内容、声音等内容。能够使用Word或者Excel完成文字分镜的编写任务，才能胜任这份工作。

1.3 标准化制作细则

常规分镜项目的制作流程如下。

1.3.1 文字分镜的标准化制作流程

文字分镜的制作流程如图1-5所示。

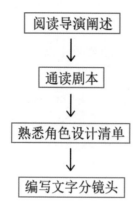

图1-5 文字分镜的制作流程

1）阅读导演阐述

短视频、自媒体、常规商业视频、教学课件等项目在制作之前，导演都会对作品的风格定位、设计思路及重点表现场面，进行设计构思，并形成文字材料。文字分镜师需要阅读导演阐述，了解导演的意图，才能有效完成这份工作。

2）通读剧本

短视频、自媒体、常规商业视频、教学课件等项目都有文案或者剧本，文字分镜师在工作之前需要通读剧本，打好腹稿。

3）熟悉角色设计清单

短视频、自媒体、常规商业视频、教学课件等项目中，如果有角色出现，文字分镜师需要充分理解角色的性别、年龄、性格特征等描述，在编写的过程中，注重人物表演细节的刻画，突出人物的个性，才能胜任这份工作。

4）编写文字分镜头

文字分镜头在编写的过程中需要按照文字分镜的格式要求来完成，一般以列表形式来表现，需要包含镜号、时间、景别、背景、描述、镜头拍摄技巧等内容，且编写的过程中需要用镜头化的语言来描述镜头。

文字分镜格式范例如表1-2所示。

表1-2 《娃哈哈 幸好有你！》文字分镜

作者：钱章勇

镜号	时间/s	机位角度	景别	背景	画面描述	声音	拍摄技巧	备注
1	1	3/4侧	全-特写	卧室	窗外城市清晨美景，摄像机后退拍室内，写字桌上放了一个闹钟，突然响了起来，听到妈妈的声音	音效：闹钟声。画外音："要迟到了哦"	摇镜头，摄像机从窗户的室外景拉远到室内景，摇镜书桌特写，拍摄闹钟	
2	2	侧	近	卧室	小男孩突然坐了起来，揉了揉眼睛，转头向闹钟	闹钟响起，妈妈喊小男孩快起床	固定、节奏稍快	
3	1	正	特写	卧室	特写闹钟的时间	闹钟声	固定、节奏稍快	
4	2	侧	近	卧室	小男孩迅速抓开被子，转身出画	小男孩："快迟到啦！"	跟镜头，摄像机镜头画面跟着小男孩起床到出门，节奏稍快	
5	1	3/4侧	近	客厅	妈妈面带笑容打开冰箱	冰箱打开声	固定、镜头节奏舒缓	
6	1	正	特写	客厅	冰箱内景特写，里面放了娃哈哈营养早餐		推近，镜头节奏舒缓	
7	1	侧	中	客厅	男孩拖着书包，快速地跑下楼	"妈妈，我来不及吃饭了"	跟镜头，摄像机镜头画面随着男孩下楼，节奏稍快	
8	2	3/4侧	特写-全景	客厅	妈妈伸手从冰箱里面拿一瓶营养早餐，关上冰箱的门	冰箱关门声	冰箱内景，镜头拉远妈妈全景，后关上门镜头节奏舒缓	
9	2	侧	近	客厅	拖着书包跑到客厅的男孩抬头看着妈妈，一脸疑惑	"来，给你这个"	固定	
10	1	侧	近	客厅	妈妈手里拿个娃哈哈笑着向小男孩走过来		纵深角度跟镜头拍摄，镜头走到男孩妈妈走近节奏舒缓	
11	2	正	中	客厅	小男孩拿过娃哈哈，和妈妈相视而笑，二人脸上都洋溢着幸福的笑容	旁白：匆忙的早晨有娃哈哈伴你成长	固定、镜头节奏舒缓	

续表

镜号	时间/s	机位角度	景别	背景	画面描述	声音	拍摄技巧	备注
12	2	正	特写-中景	办公室内	键盘上啪啪声，摄像机后退拍办公桌，妈妈在电脑上打字，桌旁放了一瓶娃哈哈营养早餐	打字键盘声	特写在工作的妈妈，摄像机镜头拉远，至能够拍摄到桌子上娃哈哈手到拿起营养早餐 使用长焦镜头	
13	1	3/4侧	近	办公室内	妈妈伸手拿起娃哈哈，出画		跟镜头，摄像机镜头跟随妈妈的手到拿起娃哈哈	
14	1	侧	特写	办公室内	妈妈喝了一口		固定	
15	1	3/4侧-正	近	办公室内	妈妈手里拿着娃哈哈，露出幸福的笑容	旁白：忙碌的工作有娃哈哈陪你左右	旋转镜头，摄像机从3/4侧旋转拍妈妈正面，妈妈露出笑容	
16	2	正	近	门口	门铃响起，一位白发苍苍的奶奶开门	门铃声音	固定镜头，人物纵深调度拍摄	
17	1	3/4侧	近	门外	门打开，门外妈妈和小男孩拿着一箱娃哈哈来拜访		固定	
18	2	3/4侧	近	门口	奶奶接过娃哈哈，开心地举起了大拇指！	旁白：感谢有你！		
19	1	正	近-全景	沙发上	一家四口每人手里拿着娃哈哈，开怀大笑！淡出	旁白：让我撑起一个家	拉镜头至全景、淡出	
20	2	正	近	标版	淡入，娃哈哈logo，广告语："娃哈哈 幸好有你！"标版出现。	旁白："娃哈哈 幸好有你！"	淡入	

1.3.2　静态画面分镜的标准化制作流程

静态画面分镜的标准化制作流程如图1-6所示。

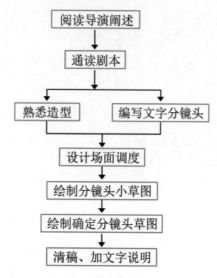

图1-6　静态画面分镜的标准化制作流程

1）阅读导演阐述

相较于文字分镜，静态画面分镜师也需要阅读导演阐述，了解导演的意图，才能有效完成这份工作。

2）通读剧本

静态画面分镜工作是用画面来表现文字剧本的内容。分镜师在工作之前需要通读剧本，打好腹稿，才能充分表现剧本的内容。

3）熟悉造型

画面分镜是通过画面镜头来讲故事，需要设计师熟悉镜头中的角色、场景及道具造型，重点是需要把握人物与场景、道具的比例关系，在镜头组接的过程中，不至于出现人物比例、人景比例前后不一的情况，也不至于出现人物转面后造型不一致的情况。

4）编写文字分镜头

文字分镜是画面分解绘制的前期准备工作，在绘制画面分镜之前需要编写文字分镜，将剧本用画面化的语言，分成一个一个镜头，以表格的形式或列表形式表现出来。

5）设计场面调度

在绘制画面分镜之前，需要根据剧本要求及场景特点，设计人物的出场方向，确定虚拟摄影机摆放的位置，完成人物和摄影机综合调度的设计，如图1-7所示。

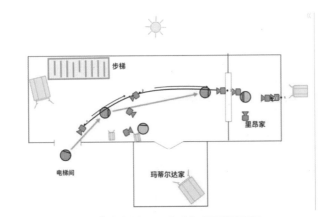

图1-7　《这个杀手不太冷》场面调度图

6）绘制分镜头小草图

绘制分镜头小草图是画面分镜绘制前必不可少的一步，一般在一张A4的纸上根据个人喜好画十几个甚至几十个镜头小格来设计。人物造型可以简化，只要能够看出基本特征即可。它可以用最短的时间将脑海中闪现的灵感"复制"下来，表现完整的剧情，同时方便修改，如图1-8所示。

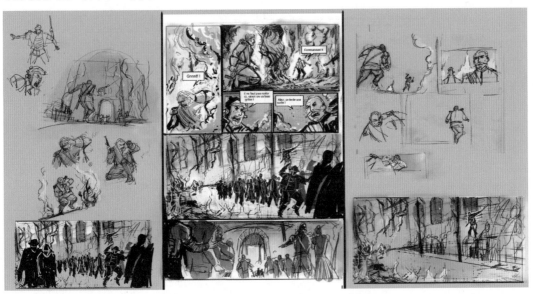

图1-8　法国漫画分镜示例（作者：孙睿）

7）绘制确定分镜头草图

根据画面分镜的表格，对小草图进行放大绘制，在分镜表中打好人物骨架，确定好场景的透视关系，用简单的线条在分镜表格中绘制分镜草图。

8）清稿、加文字说明

在草图的基础上，清稿、描线、加投影等画面细节，加入文字说明并确定时间，完成画面分镜绘制的最后工序。

静态画面分镜的标准化制作，如图1-9所示。

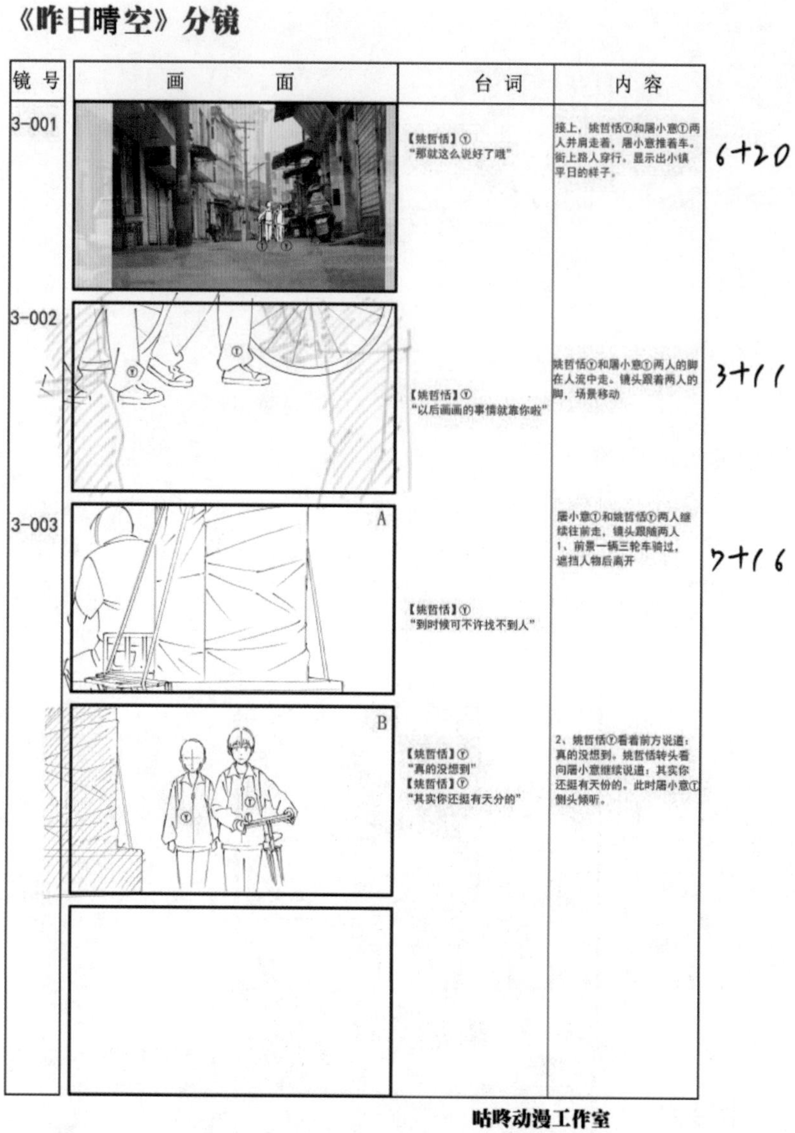

《昨日晴空》分镜

镜号	画 面	台 词	内 容	
3-001		【姚哲恬】① "那就这么说好了哦"	接上，姚哲恬①和屠小意②两人并肩走着，屠小意推着车。街上路人穿行，显示出小镇平日的样子。	6+20
3-002		【姚哲恬】① "以后画面的事情就靠你啦"	姚哲恬①和屠小意②两人的脚在人流中走，镜头跟着两人的脚，场景移动	3+11
3-003	A	【姚哲恬】① "到时候可不许找不到人"	屠小意①和姚哲恬①两人继续往前走，镜头随着两人1、前景一辆三轮车骑过，遮挡人物后离开	7+16
	B	【姚哲恬】① "真的没想到" 【姚哲恬】① "其实你还挺有天分的"	2、姚哲恬①看着前方说道：真的没想到，姚哲恬转头看向屠小意继续说道：其实你还挺有天份的，此时屠小意①侧头倾听	

咕咚动漫工作室

图1-9 《昨日晴空》分镜正稿

根据静态画面分镜表现形式的不同，其对应的具体标准化流程有纸质和电子两类。

● 纸质静态画面分镜绘制的制作流程

与静态画面分镜的标准化制作流程相同，需要注意的是纸制静态画面分镜绘制的制作流程都是在企业提供的专用分镜纸上进行绘制的。需要设计师了解静态纸质分镜的常用格式，根据公司及镜头的运动方式不同，分为横幅和竖幅两种，如图1-10所示。

● 电子静态画面分镜绘制的制作流程

电子静态画面分镜绘制的基本工具：Flash、Photoshop，基本流程和静态画面绘制的标准化流程差不多，不同的是电子静态画面分镜的绘制是在电脑软件中制作完成的。具体流程如图1-11所示。

片名：_____ 集号_____

镜号：	景号：	时间：	镜号：	景号：	时间：	镜号：	景号：	时间：
动作：			动作：			动作：		
对白：			对白：			对白：		
音效：			音效：			音效：		
特效：			特效：			特效：		
机位：		备注：	机位：		备注：	机位：		备注：

页码：

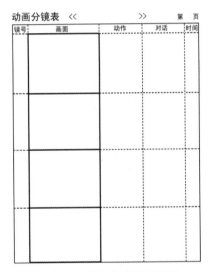

动画分镜表 <<   >> 第 页

镜号	画面	动作	对话	时间

图1-10 静态分镜格式范例

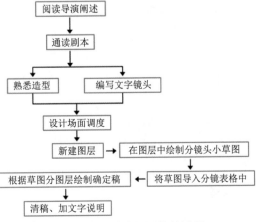

图1-11 电子静态画面分镜流程

电子静态分镜格式范例（使用工具Flash）如图1-12所示。

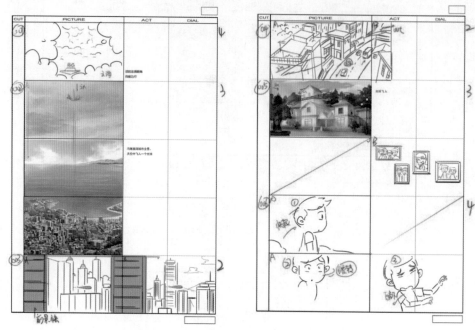

图1-12　《巢湖漫游记》电子静态分镜

电子静态分镜格式范例（使用工具Photoshop）如图1-13所示。

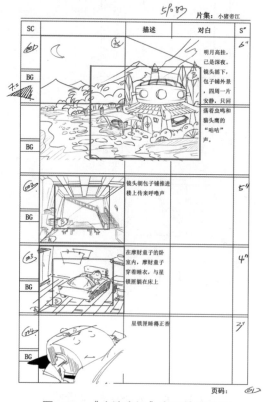

图1-13　《小猪帝江》电子静态分镜

1.3.3　动态画面分镜的标准化制作流程

　　静态分镜绘制好了以后都是要动态化的，但是在静态分镜变成动态画面的过程中，会出现很多偏差和失误，造成不必要的返工，为了更直观地表现人物的动作和镜头的运动方式，动态分镜成为了比较主流的分镜表达方式，具体流程如图1-14所示。

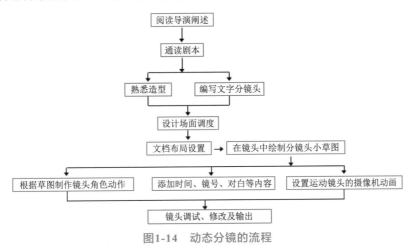

图1-14　动态分镜的流程

● 使用Flash软件制作动态画面分镜

　　首先要确定Flash的文档布局，将安全框、遮罩层、镜号、时间、背景的标注层、镜头层、声音层、对白层等设置好，再在镜头中使用元件嵌套的方法，分镜头绘制每个镜头的动态分镜，人物的动作和摄像机的动作在这里都可以使用Flash的相关工具表现出来，最后测试镜头运动、镜头与镜头之间的组接及角色的动作是否流畅，然后添加对白、时间、镜号背景号等内容，预览没有问题，可以输出，如图1-15所示。

图1-15　Flash软件制作的动画分镜

● 使用Toon Boom Storyboard Pro软件制作电子分镜头

　　首先需要建立一个新的故事板文件，也可以打开故事板文件，进入工作区绘制故事板。通过分层技术绘制背景和人物，进行动画编辑，使用绘图工具进行绘制，也可以利用库文件素材来绘制故事板，设定摄像机的运动，制作运动镜头。最后在故事板中加入字幕和声音，调节好时间轴，输入文字说明，导出影片。

 岗位案例解析

动画短片《巢湖漫游记》静态画面分镜绘制案例解析。

1.4.1　前期素材准备

前期需要准备导演阐述、文字剧本、人物设定、场景设定、道具设定、配音、音乐及音响素材（适用于动态分镜）。

1. 导演阐述

（1）影片主题：这是一部每集时长10分钟的动画作品，共26集，观众年龄定位为6～12岁。情节简单，每集都有各自的叙事主线，分别围绕巢湖市的人文、美食、景点、历史传说等主题来展开。

（2）故事梗概：姐姐（乐乐）和弟弟（淘淘）生活在合肥巢湖市，父亲是中国科学技术大学的老师，专门从事量子信息机器人开发的研究，妈妈是合肥职业技术学院的老师，是巢湖非物质文化遗产研究人员。

一天，一个神秘的天外来客——量子智能机器人来到了淘淘身边，一下子改变了淘淘和乐乐的生活，将他们带入一个神奇有趣的世界。

机器人自称是五十年后的淘淘发明了自己，五十年后人们已经可以实现量子时空穿梭。淘淘那时已经是一个令人尊敬的科学家，他发明了智能机器人，同时想做一个有趣的实验，他深感自己小时候调皮贪玩，不爱学习，遂将机器人通过量子时空穿梭的方式送回到2019年淘淘的身边，试图让机器人帮助淘淘改变贪玩懒散的性格，变得热爱学习，热爱劳动，热爱生活，想看看淘淘的人生会有怎样的改变。于是机器人就带着这样的使命来到了淘淘身边。

机器人的任务就是帮助淘淘和乐乐解决生活学习中的各种问题，在帮姐弟俩解决问题的过程中，也帮姐弟俩更好地成长。

机器人的出现确实令淘淘、乐乐的人生发生了天翻地覆的变化，在机器人的带领下，淘淘、乐乐在古代与现实之间任意穿梭，上天入地，无所不能，见识了许多神奇有趣的世界，经历了许多难以想象的冒险。在机器人的帮助下，淘淘、乐乐穿越到远古时代，发现了新石器时代的工具，偶遇人类始祖有巢氏，并通过神奇的机器人之口，了解了很多关于有巢氏和远古人类的科学知识，从而开启了两人的穿越之旅。

在机器人的帮助下，淘淘、乐乐对世界与人生的看法都发生了改变，对于他们生活的这座城市——巢湖也有了更多的了解，他们了解了巢湖的形成由来、历史文化，还零距离地见到了许多与巢湖有关的古今名人，与这些古今名人发生了许多匪夷所思的神奇故事。

在一连串的冒险经历中，淘淘、乐乐遇到了无数的艰难险阻，经历了无数的危急时刻，他们动用自己的智慧和勇气，战胜困难，迎接挑战。在这个过程中，他们的性格也发生了改变，原本有些胆小的乐乐变得更加勇敢坚强，原本贪玩懒散的淘淘变得更加勤奋好学，更加有责任感，更加成熟果敢。

淘淘、乐乐在冒险经历中不仅改变了自己，更改变了别人，两人在穿梭时空的过程中惩恶扬善，无数次彰显正义的力量，甚至阴差阳错地介入到历史事件当中，发挥了异乎寻常的作用。

眼看着淘淘、乐乐都变成人格完善、勇敢坚强的好孩子，机器人也完成了自己的使命，在淘淘、乐乐恋恋不舍的目光中离开了他们，前往五十年后的时空。在机器人的带领下他们开启了一场充满惊险和刺激的冒险之旅……

（3）风格样式：采用卡通与写实相结合的形式，属于宣传、教育、幽默类型。

（4）人物性格设定：主要角色是弟弟、姐姐、爸爸、妈妈、机器人。

①弟弟：淘淘；年龄：11岁；特征：淘气、好奇、果断、自大、热情四射；兴趣爱好：深受爸爸影响，酷爱探险和各种小发明小创造；简介：性格开朗，生性乐观，心地善良，极度好奇，喜欢追根究底，热心肠却总做错事；害怕的东西：狗；口头禅："我是人见人爱，花见花开的淘淘。"

②姐姐：乐乐；年龄：11岁；特征：心地细腻、坚强善良、喜爱学习；简介：是一个可爱型的小女生，爱心泛滥，知识丰富，需要她来讲解一些知识点；口头禅："我知道了！"

③爸爸；年龄：42岁；职业：大学老师；简介：中国科学技术大学老师，专门从事量子信息方面的研究。

④妈妈；年龄：39岁；职业：大学老师；简介：设定为合肥职业技术学院的一名老师，作为后续巢湖文化及学校宣传的部分故事载体。

⑤机器人：阿途；功能：智能语音+量子通信；简介：内部存储大量关于巢湖的参考资料，也成为姐弟两人寻根巢湖的重要线索。可以自由地与姐弟对话，也可以帮助姐弟通过量子通信技术实现时光穿梭。

（5）背景设计要求：背景采用半写实风格，色调与人物统一。造型元素生活化，给人以真实的感觉。

（6）叙事线索：

①穿越环节的设定：时光穿梭到古代时，机器人跟随两人一起穿越，但每次穿越理由都不一样，比如：被过去的某个美食吸引去调查，想去了解巢湖的某个时期的历史、成语故事等。

②回归环节的设定：每一集的回归理由都不一样，不限定。比如第一集，想家了，或者想起了老师留的作业，等等。

2. 文字剧本

第一集《神秘的天外来客》

人物

淘淘：（弟弟）10岁，男。

性格： 生活上有点懒，爱好运动，好奇心强爱探索，常常出错，爱说："总要尝试的吗？我是人见人爱，花见花开的淘淘。"

乐乐：（姐姐）10岁，女。

性格： 稳重，总是三思而后行，记忆超强，爱看书知识面广。

阿途： 量子智能机器人，像百科全书，上知天文下知地理，具有穿越时空的能力，能与淘淘的电子手表实时沟通感应，能够给古今各时空领域的人们配饰上输送量子能，实现跨时空交流。靠太阳能充电，在光越强的地方它能力越强，反之背光阴影处关键时容易掉链子。

A.天空　日外

天空中，飞入一个光球，镜头跟着光球快速运动下落。巢湖城市远景，光球在天空中下落，光球猛地坠落地面，一声震动（注：淘淘一家居住的小区路上，淘淘上学的必经之地）。

镜头快速推进，淘淘卧室房间内，淘淘猛地坐起来莫名东张西望，没发现有什么异常，倒头又睡着了。

镜头拉开，墙上贴满了淘淘跟姐姐，还有爸爸妈妈的合影，四个人在一起十分温馨，还有凌乱堆着的各种玩具。全景，这时闹铃响起声音。

特写闹钟。

淘淘从被子里伸出（带着儿童手表）手把闹钟按停了。

淘淘没有睁眼，继续睡，手臂耷拉在床沿，镜头移到手表。

嘀嘀嘀……

淘淘的儿童手表响了："我爱上学校，天天不迟到（儿歌），大懒虫，快起床了（姐姐的声音）。"

淘淘一听是姐姐乐乐在呼叫他起床上学，一看表的时间，吓了一跳。

淘淘："不好，要迟到了！"

淘淘急忙跳起来穿衣服，多个画面呈现，淘淘刷牙，淘淘整理书包，姐姐坐着吃早餐，淘淘整理急忙坐下吃早餐（滑稽一点）。

淘淘抱着书包慌忙冲出门，一不小心被门前的一个球绊倒，姐姐跟着走到门口看到淘淘被绊倒，书包里的书等散落一地，姐姐在门口无奈地叹气："唉！"

淘淘急忙把散落的东西收拾到书包里，无意间把阿途也一起拾到书包里了。

姐姐也帮他拾起了一支笔，递给他，淘淘抱着拾起的书包看着姐姐，接过了笔，有点不好意思抓了抓头。画面翻过。

B.学校

学校外景，镜头推到教学楼（读书声音），慢慢推到2025班，教室内老师在黑板上写字。

书包里，阿途启动。

淘淘将手伸进书包，准备拿课本。

阿途在书包里将地理课本递到了淘淘的手里。

淘淘拿出课本后，从书包里又伸出来了铅笔盒、笔记本。

淘淘一脸疑惑的表情，打开书包看了一眼。

阿途笑眯眯、萌萌哒地看着淘淘。淘淘这才发现书包里有个怪东西，"啊！"大叫了一声。

老师听到叫声回头说："李淘你干嘛？"

淘淘立马捂住嘴巴（着急掩饰）："没……没干什么。"

乐乐奇怪地看着淘淘，又看看他的书包。

乐乐："什么东西？（轻声问）"

淘淘死死地按住书包，焦急地对乐乐说："我……我不知道！"

阿途在书包里跳来跳去焦急地说："完了！快要被发现了！"

老师："上课不专心，李淘你真是太过分了。"

淘淘："老……老师……我没有。"

老师："那好，你说说，巢居的生活方式是哪位先祖发明的？"（用教鞭指点着黑板）

淘淘一愣，看着黑板上的字，努力回想："是……是……"

阿途在书包里尴尬地说："啊！答不上来……"

淘淘十分焦急，使劲按住书包，老师注意到淘淘的动作，径直向淘淘走来。

老师大吼："你在做什么！"

乐乐伸手去拉淘淘的手，看他在书包里面到底藏了什么，说："淘淘，什么东西？"阿途跳动起来，突然从书包内射出一道光芒，阿途发出语音指令：启动穿越模式！

淘淘像被什么东西吸住，整个手臂一下被吸进书包里，乐乐拉着淘淘也被吸了进去。

乐乐、淘淘："啊！"

淘淘："姐姐救我！"

两人瞬间消失。

时间突然静止在8：35分。

C.时光隧道

阿途、淘淘、乐乐，在时光隧道里飞翔。

两边闪过无数怪异的图形和光影，淘淘被吓得不住尖叫，乐乐也很害怕，淘淘不住地大呼小叫。

淘淘："啊！这是哪里？姐姐，我好害怕。"

乐乐："我不知道，不过我感觉这里有点像时光隧道。"

淘淘："时光隧道？啊！"

三个人继续飞行着，忽然眼前一亮，出现一道时空之门。

阿途带着两人穿过时空之门。

三人来到远古时期的原始森林。

一道白光闪过，三人躺在一片草地上，周围的奇花异草和小动物，让姐弟俩有点好奇，又有点害怕，左右看看没发现什么危险。姐弟俩看到眼前不远处有一片大湖，水面上长满了莲花，岸边长满绿草，天上飞翔着各种鸟类，还有松鼠跳来跳去。

淘淘："喂，你是谁啊？这是哪里呀？"

阿途："你好！我是量子智能机器人，来自未来时代2050年，我叫阿途，很高兴遇到你们！"

淘淘："我不高兴。"

乐乐："可以告诉我这是哪里么？"

阿途：系统扫描完成！我们已成功到达五千年以前！

淘淘："啊！为什么带我们来这里？"

阿途两食指在一起不停地触碰，努力地想着："呃！这……上课不专心，老师的问题又答不上来，带你穿越到五千年前寻找答案。"

淘淘："啊！这里是五千年以前……"

乐乐思考着说：老师这节课说的是远古巢居的几种方式，难道这里是？

阿途："五千多年以前的巢湖——巢山地区。

淘淘、乐乐："啊！"

阿途："在古代，巢湖、巢山这里是一片泽国和山岳，属季风性湿润气候，十分适宜古人类生活繁衍。"

淘淘："呃……"一脸懵地摸摸后脑勺。

乐乐："老师说过，巢湖、巢山是始祖有巢氏诞生的地方，还是巢居生活方式的发源地。"

阿途："回答正确！"

淘淘："始祖有巢氏是谁呀？"

阿途在淘淘的头上轻轻打了一下，说："就知道你没有认真听课！"

阿途飞着转了一圈继续说："有巢氏的后裔还在这里建立了庞大的方国，方国的首领被人们尊称为巢父。有巢氏的子孙就以'巢'字为国家命名，为这片湖水命名，后人也都以'巢'字作为姓氏。"

（阿途射出一道光，在空气中投影出画面进行解释。出现有巢氏带人构木为巢的画面，巢父建立方国的画面，巢氏子孙建立巢国，命名巢湖的画面，某巢氏子孙命名巢自强的画面。并将这些画面用箭头进行连接。）

乐乐："原来这就是巢国和巢湖的来历啊！"

淘淘："喂！机器人！告诉我，什么是巢居？巢居是不是就是像鸟一样在树上搭个窝啊！"

阿途："能量不足，正在蓄能！能量不足，正在蓄能……"

淘淘、乐乐："啊！"

3. 人物设定

根据剧本情节、人物的性格特征描述以及导演对影片的风格定位，设计影片的角色造型，《巢湖漫游记》角色造型设定如图1-16所示。

图1-16 《巢湖漫游记》角色造型设定

4. 场景设定

根据导演的意图完成场景设计图的绘制，主要包括主场景的平面坐标图、立体透视图、人物和场景比例图等，《巢湖漫游记》的部分场景设定图如图1-17所示。

古巢国原始森林

家外景

天空云海

淘淘房间

图1-17　《巢湖漫游记》场景设定图

1.4.2　编写文字分镜头

根据文字剧本将故事情节细化到每个镜头，用文字表达出来，通常用表格列出，是接下来分镜头绘制的重要依据。《巢湖漫游记》第一集文字分镜部分节选如表1-3所示。

表1-3　第一集文字分镜

镜号	时间/s	景别	背景	描述
Cut1	4	远景	天空云海	球以主观视角向前飞行
Cut2	3	远景	天空——城市鸟瞰图	一个光球从画面上方入画，从天空到巢湖城市全景，竖移镜头，鸟瞰巢湖城市全景
Cut3	2	全景	城市全景	一个光球从城市上空飞过，横移镜头
Cut4	2	全景	城市	鸟瞰视角，一个光球从城市上空入画飞过后出画
Cut5	3	全景	淘淘家	光球从上空飞入画，掉在淘淘家门口
Cut6	4	中景	淘淘卧室	在睡觉的淘淘，听到了响声后坐了起来，转头看了看，感觉非常困，又躺了下去。后镜头斜移墙上的照片墙

1.4.3　场面调度设计

拿到上述材料之后先不要着急绘制分镜，我们需要先安排一下角色的走位，确定人物的出场顺序和方向，"舞台"表演的中心等，这就是人物的场面调度设计；再有就是镜头的场面调度，出于场景的限制，虚拟摄影机拍摄角度的选取并不能随心所欲，需要遵循轴线法则，考虑镜头的运动方式，镜头与镜头之间的组接等。

1.4.4 分镜小草图的绘制

小草图的大小可以随意设置，绘制者可以根据自己的需要进行镜头的绘制，只要能够表现出镜头角度、景别、运镜方式和人物动作，以及能够直观地检查镜头的连接是否连贯，节奏控制是否恰当即可。小草图绘制好了以后可以在旁边添加文字说明及镜头的时间。绘制好以后可以着手绘制具体的分镜。

1.4.5 最终分镜稿的绘制

小草图绘制好以后，可以在分镜表中进行放大绘制，把人物、背景用简单线条打好草稿，然后在草稿的基础上清稿、描线、加投影等画面细节，《巢湖漫游记》第一集画面分镜部分节选如图1-18所示。

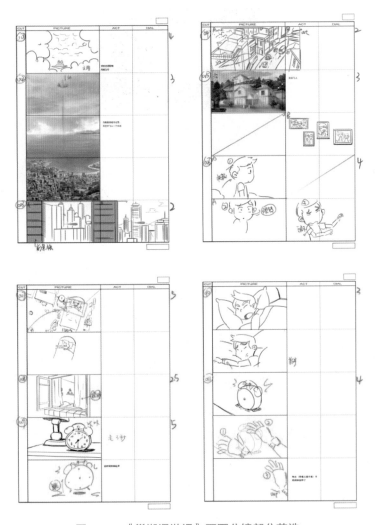

图1-18 《巢湖漫游记》画面分镜部分节选

1.4.6 电子分镜的绘制

有些动画项目，为了直观地表现人物的动作及镜头的运动，采用电子动态分镜绘制的方法。这里使用Flash软件平台来讲解一下如何绘制电子分镜。

1）新建Flash文档

设置文档属性：舞台背景白色，画面尺寸550×400像素（具体根据项目要求来进行设置），帧频24帧/秒。

2）图层的搭建

● 镜头框的制作

新建一个550×400的矩形框，按Ctrl+G快捷键打组，再新建一个750×600的矩形框（比舞台大点就行），将第一个矩形解组后删除，利用Flash的图形剪切功能，完成镜头框的制作，如图1-19所示。

图1-19 镜头框的制作

● 遮罩层

在制作分镜的时候，对于运动镜头，会有很多画面出现在镜头外，容易出现穿帮，且文档也不美观，这时候我们需要新建一个遮罩层，让舞台以外的画面不可见，具体操作如下：

新建一个图层，命名为遮罩层，在舞台中绘制一个矩形，利用辅助线对矩形进行分割，后使用直线工具沿着辅助线绘制直线，以分割图形，再使用蓝白间隔填色，最终效果如图1-20所示。

图1-20 遮罩层

将遮罩层的图层属性设置为遮罩层，在图层上右击选择遮罩层即可。为了便于后面的图层的创建，遮罩层创建好了之后，单击隐藏按钮，将遮罩层隐藏，不可见即可。

● 镜头号

在动态画面分镜中，需要新建一个图层，用于标记集号、镜号、背景、时间等信息，将图层属性修改为被遮罩层，具体如图1-21所示。

图1-21　镜头号

● 安全框

为了方便设计师认准画面中心的位置、文字安全框及画面安全框的位置，一般会绘制一个安全框，将图层属性修改为被遮罩层，具体如图1-22所示。

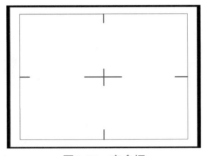

图1-22　安全框

● 镜头层

新建一个镜头图层，可以用sc来命名，这个图层是用来绘制分镜的，文档布局好了以后，可以在这个图层上进行具体分镜画面内容的绘制，将图层属性修改为被遮罩层，具体如图1-23所示。

图1-23　镜头层

● 声音层

新建一个图层用于声音的编辑，在绘制分镜的时候，可以导入一些前期录音的音频文件，以方便把控镜头的时间，具体如图1-24所示。

图1-24　声音层

● 修改层

这个图层的属性需要设置为引导层，是为了便于导演对分镜师绘制的内容提出修改意见的，具体如图1-25所示。

图1-25　修改层

3）镜头的制作

新建一个图形元件，命名为sc-1，进入元件内部，新建角色图层和背景图层，制作角色动画以及背景动画。本案例中，道具刀在画面中旋转3圈，从右上角转到了左下角，背景做斜移动画，都是使用Flash的补件动画制作的。选中刀元件的时间帧第一帧，打开属性面板，旋转属性设置为逆时针，圈数设置为3，这样刀动画就制作出来了，具体如图1-26所示。

图1-26　图形元件

使用画笔工具，绘制名为"BG-1"的背景元件。选择"BG-1"元件，制作位移动画，使用补间动画制作方法完成背景后移的跟镜头动画制作，如图1-27所示。

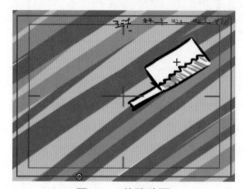

图1-27　位移动画

动画制作好以后，需要进入镜号层，填写镜号和时间，sc-1的镜号为1、时间是1'12"。

sc-1制作完成以后，回到场景1当中，在sc图层上，新建sc-2，根据文字分镜的内容要求，完成sc-2的镜头动态画面的制作，具体如图1-28所示。

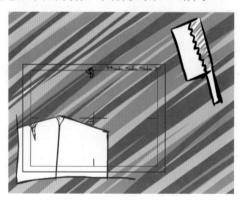

图1-28　sc-2的镜头动态画面

以此类推，完成整部动画的画面镜头的动态绘制即可，在制作镜头的过程中，注意镜头与镜头组接的连贯性，动作关键点的插入，角色表演及轴线等视听语言知识的应用，才能更好地表现出导演的意图及动画效果。

1.5 实操考核项目

本章项目素材可扫描图书封底二维码下载。

1. 项目一

（1）考核题目

MG动画被广泛应用于影视广告的创作，特别在商业广告和公益广告中经常被使用，请自拟主题，完成一部MG动画表现形式的商业广告或公益广告的脚本创意制作。时间为15～30秒。

（2）考核目标

通过本次实操，了解什么是MG，掌握MG动画脚本的绘制技巧，并能够运用视听语言知识创作MG广告动画脚本。

（3）考核重点与难点

- MG概念的概念。
- MG动画分镜头脚本的绘制技巧。

（4）考核要素

- 作品名称：自定义。
- 作品性质：静态脚本绘制或动态脚本绘制。
- 绘制工具：Photoshop、Sai、Flash、moho、ToonBoom Storyboard等。
- 实操要求：根据题目要求进行分镜脚本创作，作品时长为15～30秒，能够体现MG动画的特征。
- 实操素材：无。
- 考核形式：实操考核。
- 试题来源：

《视听语言》，北京联合出版公司，孙立；

《动画分镜头技法》，北京联合出版公司，谭东芳。

- 核心知识点：

MG是Motion Graphic的简称，是一种动态图形或是运动图形。MG动画的画面很有运动感，视觉冲击力强，常被作为动画制作的时尚手段，应用在多个领域，包括商业广告、产品演示、公司宣传片等。MG具有信息量大、短小精悍、富有节奏感、视觉冲击力强、画面丰富等特点。

MG动画分镜头脚本的绘制技巧：

在制作MG动画之前，熟读文案，在文案的基础上，将文案画面化、镜头化，通过画面加镜头描述的形式表达出来，可以动态表现，也可以静态表现。在每个镜头画面下方标注对应的文案内容，再配以音效、旁白等。MG既有二维的表现形式也有三维的，在MG动画中，创作分镜头脚本可以提高整个制作环节的效率，让动画师能充分地了解导演的意图，快速地达到预期的效果。其分镜的绘制需要遵循MG动画镜头语言的特性，注重画面细节的增加，使画面丰富而不单调，通过增加元素的层次感，让元素的视觉感更加的突出。在动作设计中利用惯性或延迟来丰富运动图形的动态感，注重图形的弹性变化，使动作体现出柔和的美感，而不是骤然而至。在节奏上，通常拒绝匀速运动，注重加减速度的缓冲变化。在镜头画面的色彩上，讲究画面色彩的统一与均衡，色彩丰富，视觉冲击力强。在转场方面，MG动画有其显著的特点，通过图形的运动画面，在运动中，引导观众的视线转移，利用每个图形运动的速度差、角度差、位置差或者时间差，来达到特色十足的转场效果。

（5）参考答案

如图1-29所示。

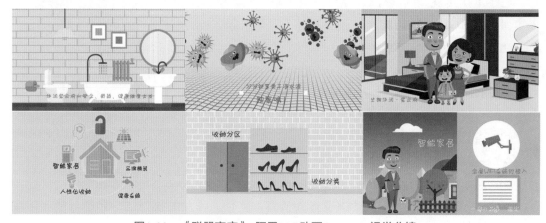

图1-29 《联盟商家》-阿里MG动画freestyle视觉分镜

（6）评分细则（考核标准）

画面干净，构图合理，条理清晰，占50%。

优秀：40～50分；良好：30～40分；合格：20～30分；不合格：0～20分。

视听语言运用合理，镜头节奏感强，占30%。

优秀：15～30分；良好：10～15分；合格：5～10分，不合格：0～5分。

画面色彩统一，富有设计感，占10%。

优秀：8～10分；良好：5～8分；合格：2～3分，不合格：0～2分。

2. 项目二

（1）考核题目

在动画制作过程中，摄像机机位发生变化，拍摄出的背景画面也会随机位变化而变化，摄像机仰视角度拍摄，背景就需要绘制仰视图，俯视拍摄就需要绘制俯视图。下面给出sc-42的文字说明、分镜画面和背景图，要求大家根据sc-42的示例和sc-39的文字说明，完成sc-39的分镜画面及背景绘制。

（2）考核目标

通过本次实操，了解摄像机机位变化对背景透视关系的影响，灵活运用透视知识原理，完成摄像机变化后的背景绘制。

（3）考核重点与难点

● 镜头画面的内容。

● 分镜中的透视基本原理。

（4）考核要素

● 作品名称：无。

● 作品性质：脚本画面绘制及背景绘制。

● 绘制工具：Photoshop、Sai、Flash等。

● 实操要求：理解镜头画面的内涵，能够读懂画面分镜，根据示例及题目要求，完成镜头画面和背景的绘制。

● 实操素材：

a）sc-42分镜画面内容：飞行器带着淘淘、乐乐、阿途从巢湖的观光大道飞过。主观镜头，从剧中人物视角拍摄观光大道的全景，镜头角度平视，镜头运动方式：跟镜。

b）sc-42分镜脚本画面设计效果图如图1-30所示。

图1-30　sc-42分镜脚本画面设计图

c）sc-42对应的场景背景绘制效果图如图1-31所示。

图1-31　sc-42背景设计图

d）sc-39文字说明：飞行器带着淘淘、乐乐、阿途从巢湖的观光大道飞过。从剧中人物视角拍摄看到的观光大道的全景，镜头角度俯视，镜头运动方式：跟镜。

● 考核形式：实操考核。

● 参考资源：

《视听语言》，北京联合出版公司，孙立；

《动画分镜头技法》，北京联合出版公司，谭东芳。

● 核心知识点：

镜头画面的内容：

分镜脚本的画面绘制主要包含人物的动作设计、运动标记、摄像机运动等，这些内容的设计都是为后期动画、背景设计、后期合成等岗位服务的，所以分镜师必须能够清晰地表达镜头画面的内容，用画面来讲故事，无论是静态脚本还是动态脚本都要学会一个镜头的画面内容设计方法。本题主要考查考生对镜头画面设计的逻辑思维，包括镜头中人物如何运动，景别是什么，摄像机拍摄角度是什么，摄像机如何运动，镜头的起幅落幅如何设置等，考生需要用分镜的专业表达方法进行镜头画面的设计。

人物的运动：如果镜头中涉及了人物运动，我们需要采用多POS人物运动关键点的表示方法。来标记人物的动作。动态分镜可以使用人物动画来表现，静态纸质分镜需要用多POS来标记。

摄像机运动方式：主要是镜头的推、拉、摇、移、升降等，静态分镜需要用镜头运动的特别方法来完成，做好镜头运动的标记，动态分镜需要使用动画表现出来镜头的动感。

人物运动标记：人物的摇头、入画、出画、抬手等都需要有特别的标记，无论是静态分镜，还是动态分镜，都需要在画面中标记。

景别和角度：取决于摄像机拍摄的取景范围和角度，根据镜头的文字描述，设置范围即可。

镜头的起幅和落幅：镜头的起幅和落幅一般是针对运动镜头而言的，主要包括摄像机开拍的时候是运动还是静止，摄像机是动态分镜可以使用动画设置，动态分解使用画面绘制即可。

分镜中的透视基本原理：

分镜设计人员需要掌握的透视知识比起背景设定人员是有过之而无不及，背景设定一般只要画出1～2个透视图交代清楚空间关系即可，分镜人员则要在这个虚拟空间中假想一个摄像机自由选取需要的角度，如果对透视知识的了解不够深入，根本就无从下笔。

最基本的三种透视：一点透视（平行透视）、两点透视（成角透视）和三点透视（包括仰视和俯视）。本题涉及的透视角度是俯视，属于三点透视的实训内容。

（5）参考答案

如图1-32和图1-33所示。

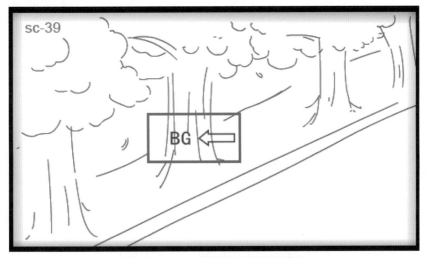

图1-32　sc-39分镜脚本画面设计图

图1-39　sc-39背景设计图

（6）评分细则（考核标准）

画面干净，构图合理，故事完整，占50%。

优秀：40～50分；良好：30～40分；合格：20～30分；不合格：0～20分。

视听语言运用合理，有运动标记，占30%。

优秀：15～30分；良好：10～15分；合格：5～10分；不合格：0～5分。

场景结构合理，透视关系准确，占10%。

优秀：8～10分；良好：5～8分；合格：2～3分；不合格：0～2分。

能准确表达文字描述的内容，占10%。

优秀：8～10分；良好：5～8分；合格：2～3分；不合格：0～2分。

第2章
概念设计

培养目标

　　本专业培养方向与我国社会主义现代化建设要求相适应，要求德、智、体、美全面发展，具备常规视频类项目概念设计（前期美术设计）的综合职业能力，具备概念设计师的基本职业素质及岗位技能，能灵活运用表演、造型、透视、视听语言等基本知识技能从事角色设计、场景设计、道具设计、色彩调性设计、特效视觉效果设计等常规工作，培育能在动漫、短视频、商业视频等企业生产服务一线工作的高素质劳动者和技能型人才。

就业面向

　　主要面向动漫、广告、短视频、自媒体、常规商业视频等领域，在文化传媒、动画制作、影视广告、短视频制作等行业中的相关企业，从事概念设计（前期美术设计）等常规工作。

2.1 岗位描述

　　概念设计在动画行业内又称为"前期美术设计"，它同时要兼顾文化审美与视觉审美，在价值上统一作品的世界观逻辑，在艺术表现上服务于世界观的视觉合理性，同时在生产领域符合视觉表现的产品特征，因而是整个作品的规范和灵魂，是整个动画片创制的头部内容，也是最为关键和基础的部分。概念设计直接服务于动画片的导演，从无到有完成一部动画片的角色设计、场景设计、道具设计、特效视觉效果设计、色彩调性设计以及分镜脚本设计等工作。概念设计是动漫、广告、短视频、自媒体、常规商业视频等企业在日常工作中必不可少的工作环节，概念设计的好坏直接决定一部动画片的质量，需要引起足够的重视。

2.1.1　岗位定位

本岗位适用于动漫、广告、短视频、自媒体、常规商业视频等企业，需要能了解导演的创作意图，掌握角色设计、场景设计、道具设计、特效视觉效果设计、色彩设计的基本原理知识及设计规范。

初级能力的岗位人员，往往很难独立完成一部动画片的概念设计工作，但是可以作为助手，协助主设计人员进行项目的开发与设计。岗位能力要求如下。

- 能理解生命体在空间中的形态方式，掌握基本头部解剖常识，根据提供的角色设计造型，逆推或设计出其三视图和色彩效果图。
- 能掌握直线形态的空间转面能力，根据提供的主场景设计图，设计出空间布局图、透视图、道具陈设图。
- 能理解色光与色构原理，为角色配置固有色及协调其在空间中的色光映射。

2.1.2　工作重点和难点

- 掌握分形形态在生命体中的审美规律和运动法则。
- 理解角色设计的基本概念，基本的解剖和透视规律，角色转面。
- 理解场景与道具设计的基本概念，掌握透视和转面的原理。
- 根据不同色光，改变固有色的相互映射。

2.2　知识结构与岗位技能

概念设计所需的专业知识与职业技能如表2-1所示。

表2-1　专业知识与职业技能（初级）

岗位细分	知识结构	技术支撑	岗位上游	岗位下游
概念设计	造型逻辑 透视学 艺用解剖 造型设计 场景设计 色彩学 视听语言	Photoshop Artrage Sai Painter	文字脚本	静态/动态分镜 影像采集 原画设计 引擎动画

2.2.1　知识结构

概念设计是动画制作的关键环节，是整部动画作品制作的蓝图和依据。要成为一名概念设计师，需要有坚实的理论基础和扎实的手绘功底，还要掌握视听语言相关知识技能，并能够运用相关软件完成各元素的绘制工作。相关技能详情如下。

- 造型逻辑：是培养和提升设计师造型能力和审美水平的重要手段。通过自然、东西方图形图像与人物的审美分析能准确描绘对象，迅速捕捉角色动态。能掌握分形原理对形象进行审美与空间合理性的归纳。
- 透视学：透视学是构建场景、建筑的基本依据。要求设计师掌握多种透视方法，并能准确表现透视图。
- 艺用解剖：角色造型（不论是人类还是动物），都依据其真实结构进行夸张设计。因此解剖是造型设计师必须掌握的基本功。
- 造型设计：短视频、动画等商业视频的制作，大都需要角色的参与，因此角色造型设计能力是概念设计师的基本功之一，需要掌握角色转面、人体透视、角色动态、表情等造型设计师基础知识，才能胜任。
- 场景设计：场景美术也是概念设计的重要组成部分。设计师需要掌握场景氛围设计、空间布局设计、透视图、三视图、比例图、材质表现等基本技能。
- 色彩学：色彩是动画片不可或缺的要素，贯穿在角色设计和场景设计中。不仅能客观表现事物，更能表达主观情绪，烘托氛围，借此打动观众。因此掌握色彩学的基本理论是概念设计的基本功。
- 视听语言：动画片的表现必须遵从镜头的视听语言，通过画面、声音、动态来描述情节。在概念设计阶段，也要用视听语言的思维来进行思考、创作。

2.2.2　岗位技能

虽然不同企业对概念设计的技能要求不一样，但是基本上都是运用和绘画有关的软件进行设计。因此要掌握一定的软件技能，才能完成相应工作，相关软件如下。

- Photoshop。
- Artrage。
- Sai。
- Painter。

2.3　标准化制作细则

概念设计的标准化制作细则如下。

2.3.1　正面头骨骨骼与角色分形归纳

使用分形归纳法则对人物面部骨骼与角色正面进行形态分解归纳。分形形态的审美与归纳是造型逻辑与表现技巧的基本功。利用相似元素去分解重组复杂系统的运动形态是造型转面与创造的路径。

因为角色头部形态是生命组织，所以正面、侧面、顶面均是六边与五边的相似形，同时局部形态和整体大体积都保持贯通的自洽。

人类头部是相同系统，在同一系统中的关键体积，其组成特征的封闭面积在相似分形中各不相同，这样的路径正是角色概念设计视觉形态构成的组成，如图2-1和图2-2所示。

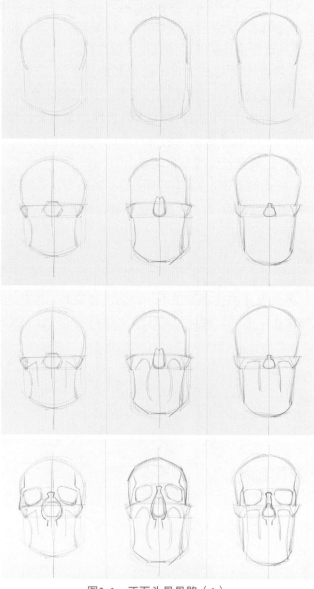

图2-1　正面头骨骨骼（1）

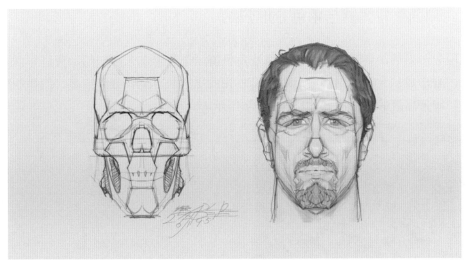

图2-2　正面头骨骨骼（2）

　　头骨分形形态是头部核心特征的起点，在这个框架基础上可以寻找到五官形态的嵌套和平面美感的变化。通过对头骨形态的分析，对应表层五官的平面美感，把体积特征形和平面形分开，是造型训练和设计基础的起点，如图2-3所示。

图2-3　头骨分形形态

2.3.2 侧面头骨骨骼与角色分形归纳

使用分形归纳法则对人物面部骨骼及角色侧面进行形态分解归纳。通过平面审美分析形态，来形成从大型到局部的组织逻辑，完成比例与方位、分形嵌套、韵律与节奏、方与圆、线条层级的训练，如图2-4、图2-5所示。

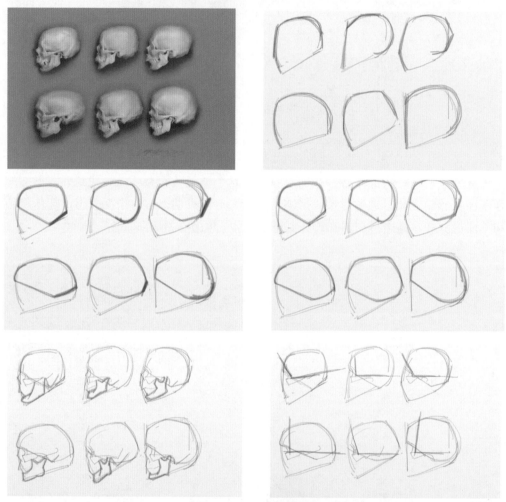

图2-4 侧面头骨骨骼

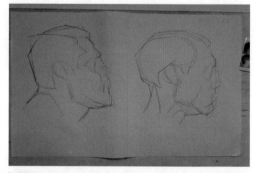

图2-5 角色侧面

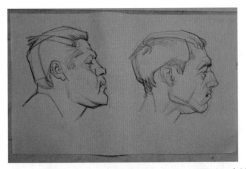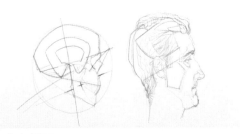

图2-5（续）　角色侧面

2.3.3　空间中头部骨骼分形空间占有方式

通过对分形头骨三视图的分析，进行转面训练的研究。在分形空间中平面形与空间形共用，通过中线解决对称问题，轴线解决方向问题来标识体积朝向，如图2-6所示。

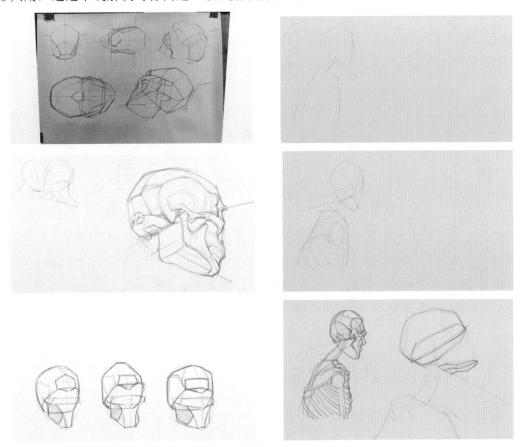

图2-6　头骨三视图分析

利用分形原理，可以把人类头骨归纳为几大空间体积，通过各体积顶点块面的变化可以区分人物核心特征。

通过标准分形头骨的学习，掌握头部体积嵌套与形态在空间中扭转的规律，完成从大体积到小体积的自洽统一，同时默记五大体积块在空间中的转面形态，如图2-7所示。

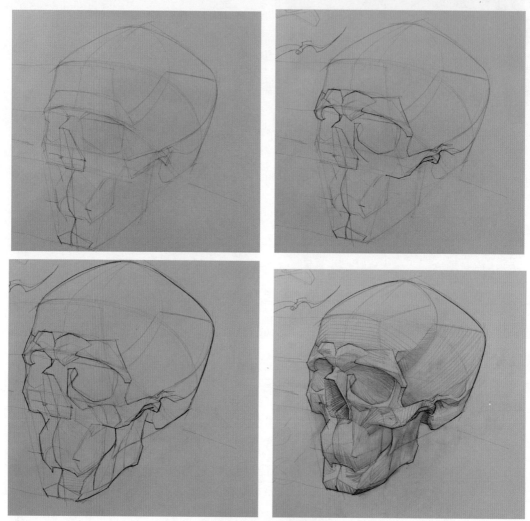

图2-7 标准分形头骨

2.3.4 角色核心底层特征类比区分

通过对分形头骨形态的研究，在底层体积上添加面部肌肉容器，通过顶点块面的形变与夸张，产生角色不同性格的表现，如图2-8所示。

图2-8　面部肌肉容器

2.4 岗位案例解析

根据底层头骨分形解决特征体积，通过形变和夸张的表层五官体积，产生不同的角色性格。从平面形到空间形自洽协同，因而在空间上达到用面最少、最合理，最终达到最美至善的形态组织，如图2-9所示。

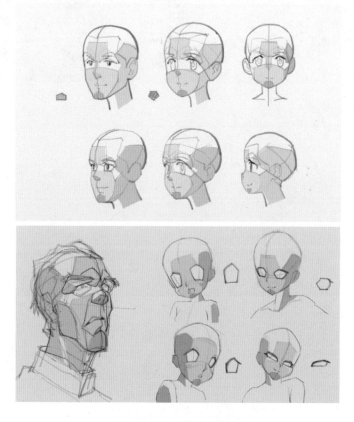

图2-9　不同表情和形态

2.5 实操考核项目

本章项目素材可扫描图书封底二维码下载。

（1）考核题目

角色骨骼特征转面归纳。

（2）考核内容

根据考题给出头骨图片，如图2-10所示，归纳出该角度分形归纳草图一张，并再次绘制转面草图一张。

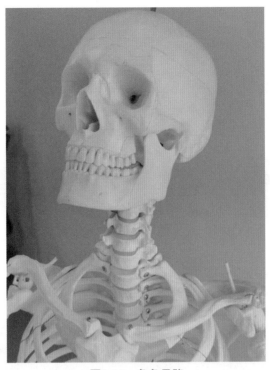

图2-10 角色骨骼

（3）制作要求

● 绘制工具：Photoshop、Sai、Flash、artrage、传统手绘等。

● 图片格式：jpg格式，300dpi。

● 图片大小：1980×1080像素。

● 文件名命名：《概念设计：头骨分形归纳一》《概念设计：头骨分形转面二》。

（4）考核要点

● 透视与比例合理。

● 分形体块简洁准确。

● 大体积与小块面高度契合。

● 线条层级明确。

● 体积嵌套优美。

● 转面之后保持体积特征不变。

（5）时间要求

60分钟两张分析草图。

（6）难度等级

一级。

（7）参考素材

如图2-11所示。

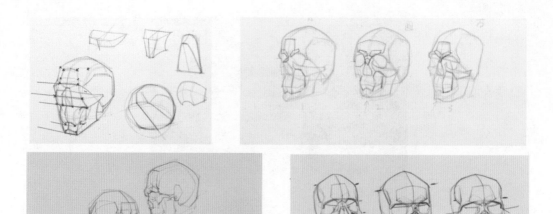

图2-11　参考素材

（8）评分细则

总分100分。

- 透视与比例合理（20分）。
- 分形体块简洁准确（10分）。
- 大体积与小块面高度契合（20分）。
- 线条层级明确（10分）。
- 体积嵌套优美（10分）。
- 转面之后保持体积特征不变（30分）。

第 3 章
影像采集

本专业方向坚持立德树人，培养设计师掌握影像采集的基本知识和技能，辅助摄影师和布景师有效完成拍摄任务，并对拍摄内容进行初步的整理与归纳。能熟练掌握拍摄前期相关器材设备的出库及拍摄前的各项准备工作；拍摄期间有能力做好相关辅助工作；有能力做好拍摄后的设备收尾工作、清单入库和素材整理工作。致力于培养能在动漫、短视频、商业视频等企业生产服务一线工作的高素质劳动者和技能型人才。

就业面向

主要面向动漫、短视频、自媒体、常规商业视频领域，担任拍摄助理等相关辅助性工作。

3.1 岗位描述

"影像采集"工作环节在大众视频制作领域扮演着非常重要的角色，其采集的图片和视频素材经过一定的设计剪辑和调整后直接呈现在观众面前，对视频画面影像风格、情节叙事以及情感内涵的确定起着举足轻重的作用。短视频、自媒体、常规商业视频等日常生活领域中常常需要进行图像和视频素材采集的前期拍摄工作，由于各领域所涉及的工作任务、工作性质略有区别，因此其岗位要求、工作重点、工作流程等方面也有所不同。

3.1.1 岗位定位

短视频、自媒体、常规商业视频等常规视频制作，从流程到团队再到资金投入，虽然没有像电影、游戏、大型交互项目这么高，但其项目的核心逻辑是相通的，只是环节上更为简洁，操作更为简化，从创作文案到设计分镜脚本再到素材拍摄与剪辑制作合成，往往是几个人甚至是一个人独立完成的。因此，在流程管理、设计与制作层面更加灵活与多样。

3.1.2　岗位特点

初级能力的岗位人才，往往很难介入复杂多变的项目制作，但有能力对于单一影像素材或影像素材数量和复杂度较低的项目进行辅助拍摄采集。岗位能力要求如下。

- 有能力掌握数码单反相机、数码摄像机以及无人机的相关理论和基本操作；
- 有能力通过所学常规理论与实操手法运用相关硬件器材辅助完成逐帧定格和静态图片素材的拍摄采集；
- 有能力通过所学常规理论与实操手法运用相关硬件器材辅助完成常规视频素材的拍摄采集；
- 有能力通过所学常规理论与实操手法运用相关硬件器材辅助完成航拍视频素材的拍摄采集。

3.1.3　工作重点和难点

根据视频项目需求和文本，以及摄影师和布景师的工作安排，能较准确地确定影像采集所需硬件器材，并在影像采集过程中高效地辅助摄影师的相关拍摄工作，熟练运用相关器材，并在拍摄完成后完成器材的整理入库和拍摄素材的归纳工作。

3.1.4　代表案例

（1）《我运动我快乐》（2021年，程梦辉），如图3-1、图3-2、图3-3以及图3-4所示。

图3-1　《我运动我快乐》（2021年，程梦辉）

图3-2　《我运动我快乐》（2021年，程梦辉）

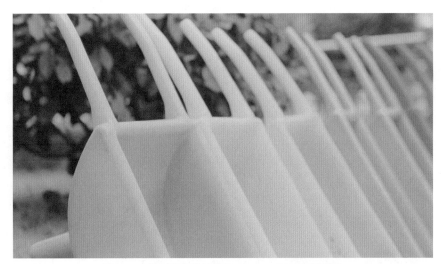

图3-3　《我运动我快乐》（2021年，程梦辉）

图3-4　《我运动我快乐》（2021年，程梦辉）

（2）《五禽戏》（2021年，程梦辉），如图3-5、图3-6、图3-7、图3-8以及图3-9所示。

图3-5　《五禽戏》（2021年，程梦辉）

图3-6　《五禽戏》（2021年，程梦辉）

图3-7　《五禽戏》（2021年，程梦辉）

图3-8 《五禽戏》(2021年,程梦辉)

图3-9 《五禽戏》(2021年,程梦辉)

3.1.5 代表人物

(1)昆汀·塔伦蒂诺(Quentin Tarantino)

1963年3月27日出生于美国田纳西州诺克斯维尔,意大利裔美国导演、编剧、演员、制作人。

1985年,撰写了个人首个剧本《船长prechfuzz和凤尾鱼强盗》。

1986年,拍摄了短片处女作《我最好朋友的生日》。

1992年,执导了犯罪惊悚电影《落水狗》。

1994年,执导了犯罪电影《低俗小说》,该片获得了第47届戛纳国际电影节金棕榈奖。

1997年,编导了犯罪电影《危险关系》。

2003年,自编自导了动作惊悚犯罪电影《杀死比尔》,该片获得了第30届土星奖最佳动作/冒险/惊悚电影。

2004年,执导了动作惊悚犯罪电影《杀死比尔2》,该片获得了第31届土星奖最佳动作/冒险/惊悚电影。

2005年，参与联合执导了犯罪惊悚电影《罪恶之城》，该片获得了第58届戛纳国际电影节金棕榈奖提名。

2007年，拍摄了惊悚电影《死亡证据》，该片获得了第60届戛纳国际电影节金棕榈奖提名。

2009年，参与执导了战争电影《无耻混蛋》，凭借该片获得了第82届奥斯卡金像奖最佳导演提名。

2012年，编导了西部动作片《被解救的姜戈》，由此获得了第85届奥斯卡金像奖最佳原创剧本奖和第70届美国电影电视金球奖电影类最佳编剧奖。

2015年，编导了西部动作片《八恶人》，凭借该片获得了第73届美国电影电视金球奖电影类最佳编剧提名。

2019年7月26日，自编自导的犯罪电影《好莱坞往事》上映，凭借该片获得了第77届美国电影电视金球奖电影类最佳剧本奖。

（2）克里斯托弗·诺兰（Christopher Nolan）

1970年7月30日出生于英国伦敦，导演、编剧、制片人。

1996年，克里斯托弗·诺兰拍摄首部故事片《追随》，在旧金山电影节上放映并受到关注。2000年，克里斯托弗·诺兰凭《记忆碎片》获得第74届奥斯卡和第59届金球奖最佳原创剧本提名。

2005年，执导电影《蝙蝠侠：侠影之谜》。

2006年，执导作品《致命魔术》，以其诡异的气氛和精细的结构获土星奖最佳科幻电影。

2008年，凭借电影《黑暗骑士》获第35届土星奖最佳编剧奖，该片上映一周就打破北美多项票房纪录成为全球第四部票房达到10亿美元的电影。

2010年，凭《盗梦空间》获得金球奖最佳导演及最佳原创剧本提名。

2012年，再度执导系列电影《蝙蝠侠：黑暗骑士崛起》，该片获土星奖最佳导演提名。

2015年3月，凭借执导电影《星际穿越》入围第41届美国科幻恐怖电影奖土星奖最佳导演。

2017年，凭借《敦刻尔克》荣获亚特兰大影评人协会奖最佳导演、第90届奥斯卡金像奖最佳导演提名。

2019年12月，克里斯托弗·诺兰在白金汉宫参加了授勋仪式，剑桥公爵威廉王子授予其大英帝国司令勋章（CBE），以表彰其作为导演、编剧、制片人对电影做出的贡献。

（3）张艺谋

1950年4月2日出生于陕西省西安市，中国电影导演，"第五代"导演代表人物之一，美国波士顿大学、耶鲁大学荣誉博士。

1978年进入北京电影学院摄影系学习。

1982年毕业后分配到广西电影制片厂。

1984年在电影《一个和八个》中首次担任摄影师，获中国电影优秀摄影师奖。

1986年主演第一部电影《老井》夺三座影帝。

1987年执导的第一部电影《红高粱》获中国首个国际电影节金熊奖。从此开始实现他电影创作的三部曲，由摄影师走向演员，最后走向导演生涯。

1987年至1999年执导的《红高粱》《菊豆》《大红灯笼高高挂》《秋菊打官司》《活着》《一个都不能少》《我的父亲母亲》等影片令其在国内外屡获电影奖项，并三次提名奥斯卡和五次提名金球奖。

2002年后转型执导的商业片《英雄》《十面埋伏》《满城尽带黄金甲》及《金陵十三钗》两次刷新中国电影票房纪录，四次夺得年度华语片票房冠军。曾任第18届东京国际电影节评委会主席和第64届威尼斯国际电影节评委会主席。

2008年担任北京奥运会开幕式和闭幕式总导演，获得2008影响世界华人大奖和央视主办的感动中国十大人物，并提名美国《时代》周刊年度人物。

2013年执导电影《归来》。

2015年筹拍好莱坞电影《长城》。

2016年担任中国G20杭州峰会文艺演出总导演。

2017年执导动作电影《影》，获得第55届金马奖最佳导演奖。

2019年10月1日，担任《庆祝中华人民共和国成立70周年联欢活动》总导演。

3.2 知识结构与岗位技能

影像采集所需专业知识与职业技能如表3-1所示。

表3-1　专业知识与职业技能（初级）

岗位细分	理论支撑	技术支撑	岗位上游	岗位下游
摄影摄像	平面构成 色彩构成 摄影基础 视听语言	灯光器材的组装与操作 三脚架的组装与操作 摇臂的组装与操作 轨道和轨道车的组装与操作 稳定器的组装与操作 无人机的组装与操作	文字脚本 分镜设计	镜头剪辑 视效合成

3.2.1 知识结构

初级人员需要掌握通过相关硬件器材的操作将视频项目所需的影像素材进行拍摄采集，需要一定的通识设计理论的支撑。就影像采集课程来说，其要求从业人员至少具备平面构成、色彩构成、摄影基础和视听语言的基本美学审美素养。

1. 平面构成

平面构成是视觉元素在二次元的平面上，按照美的视觉效果，力学的原理，进行编排和组合，它是以理性和逻辑推理来创造形象，研究形象与形象之间的排列的方法。是理性与感性相结合的产物。

平面构成是研究在二维平面内创造理想形态，或是将既有的形态（具象或抽象形态）按照一定原理进行分解、组合，从而构成多种理想的视觉形式的造型设计基础课程。

通过平面构成相关理论，掌握画面构图的基本原理，保证拍摄画面的构图精美与各造型元素的合理搭配。

2. 色彩构成

色彩构成即色彩的相互作用，是从人对色彩的知觉和心理效果出发，用科学分析的方法，把复杂的色彩现象还原为基本要素，利用色彩在空间、量与质上的可变幻性，按照一定的规律去组合各构成之间的相互关系，再创造出新的色彩效果的过程。色彩构成和平面构成都属于艺术设计的基础理论。

通过色彩构成相关理论，掌握画面色彩的基本原理，保证拍摄画面的光影与色彩富有情感表现力。

3. 摄影基础

摄影基础是摄影技术和操作的基本理论知识基础，需要了解相机的基本结构和镜头规格参数，实现不同角度、不同景别、不同构图的取景画面的拍摄，并根据需要，熟练调整快门、光圈和感光度达到不同程度的曝光。

通过摄影基础相关理论，掌握摄影摄像的基本操作，保证拍摄画面对焦和曝光准确，能够准确传递表达意念。

4. 视听语言

视听语言就是利用视听刺激的合理安排向受众传播某种信息的一种感性语言，包括影像、声音、剪辑等方面内容。语言，必然有语法，这便是我们所熟知的各种镜头调度的方法和各种音乐运用的技巧。

通过视听语言相关理论，掌握镜头与镜头的组接和设计方法，理解镜头与镜头之间景别、运动、动势等要素的衔接，以及空间轴线的合理安排。

3.2.2　岗位技能

不同的项目和团队，根据项目的特性和技术表现需求，可以采用不同的硬件器材进行影像拍摄采集。影像采集的初级人才主要是辅助摄影师和布景师完成拍摄任务，提高拍摄效率，因此，根据项目需要，影像采集初级人员需要掌握不同类型摄影摄像辅助器材的组装和操作方法，具体为灯光器材、三脚架、摇臂、轨道车、稳定器和无人机的组装与使用。

1. 灯光器材

影像采集少不了光的运用，无论是自然光拍摄还是室内环境拍摄，都需要通过一定的手段和器材，人为地调整光源的方向、强度、冷暖等，以满足画面表现、气氛和情感的表达需要，如图3-10所示。一般来说，常见的灯光器材包括：LED聚光灯（如图3-11所示）、钨丝泛光灯（如图3-12所示）、透镜聚光灯（如图3-13所示）、LED外拍便携灯（如图3-14所示）、LED手持补光棒（如图3-15所示）等，以及用于灯光辅助表现的反光伞、无影罩、色片、尖嘴罩、四叶遮板等。

图3-10　灯光器材（上德大象CLASS）

图3-11　LED聚光灯

图3-12　钨丝泛光灯

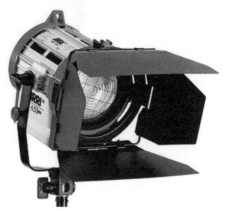

图3-13　透镜聚光灯

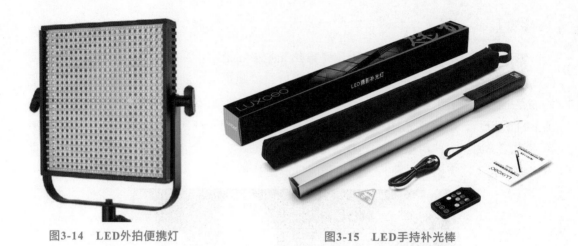

图3-14　LED外拍便携灯　　　　　　　图3-15　LED手持补光棒

2. 三脚架器材

三脚架是用来稳定照相机的一种支撑架（如图3-16所示），以达到稳固镜头画面的效果，无论是长时间曝光拍摄静态照片还是固定机位拍摄视频画面，为使得画面不抖动，必须使用三脚架进行拍摄。三脚架按照材质分类可以分为木质、高强塑料材质、铝合金材料、钢铁材料、火山石、碳纤维等多种。

图3-16　三脚架

3. 摇臂器材

摇臂是拍摄电视剧、电影、广告等大型影视作品用到的一种大型器材（如图3-17、图3-18所示），主要在拍摄的时候能够全方位地拍摄到场景，可以完成远距离、高度升降、镜头旋转等极具视觉效果的动镜头拍摄，不错过任何一个角落。摇臂根据大小分为大摇臂（7米以上）、中摇臂（4～6米）和小摇臂（2～3米），根据结构又分为电动伸缩摇臂、鱼竿式摇臂和车载摇臂等。

图3-17 大型摇臂

图3-18 小型摇臂

4. 轨道和轨道车

轨道车（如图3-19、图3-20所示）在影视制作拍摄中常常用来拍摄移动长镜头，借助轨道车能够获得稳定、平滑的镜头画面。轨道一般分为不锈钢轨道和软轨两种，又可以分为普通平板轨道车和电动轨道车。

图3-19 轨道车（1）

图3-20　轨道车（2）

5. 稳定器

　　稳定器（如图3-21所示）的功能和轨道车相近似，都是为了在移动拍摄过程中获得稳定的镜头画面效果，通过动平衡系统消除和减弱摄影师在走动时产生的画面抖动。在地形较为复杂、狭小或者移动运镜较为不规律的场合，稳定器比轨道车更加实用，同时更加便携。其结构主要根据摄像机的尺寸和规格而变化，分为手持稳定器（如图3-22所示）和背心稳定器（如图3-23所示）。

图3-21　稳定器

图3-22　手持稳定器

图3-23　背心稳定器

6. 无人机

无人机航拍是以无人驾驶飞机作为空中平台，使用机载遥感设备，如高分辨率CCD数码相机、轻型数码单反相机、摄像机等进行空中飞行拍摄的一种拍摄方式，其高度远超过一般摄影手段，移动方式自由且稳定，适合各类建筑漫游、场景漫游、运动会、开幕式等展现场景规模和人群数量的表现方式。根据搭载影像器材的不同，无人机分为消费级无人机（如图3-24所示）和专业无人机（如图3-25所示）两类。

图3-24　消费级无人机

图3-25　专业无人机

3.3 标准化制作细则

拍摄任务主要分为常规地面拍摄和无人机航拍两种类型，本章节就这两种类型进行划分，阐述影像采集初级人才在拍摄任务中的工作流程和方法要点。

3.3.1　常规地面拍摄任务

对于影像采集初级人员来说，辅助摄影师和布景师以较高效率完成拍摄任务，并在拍摄完成后对拍摄内容进行初步的整理和归档工作，是其主要工作职责，主要由四个部分所组成。

1. 设备器材的维护和保养

摄影摄像器材在平时需要专门进行管理和养护（如图3-26、图3-27、图3-28所示），重点分别是：

避光——器材保存需要避免阳光直射，避免潮湿，置于阴凉处。

避震——存放器材的器材箱内部需要有泡沫垫或者缓冲垫，避免在搬运、挪动时产生震动对器材造成伤害。

恒温——过冷或者过热都对相机的各种元件有所损伤，为避免使用过程中出现意外的问题，温度以常温为宜，不要在非使用的时候，短时间内浮动过大。

恒湿——无论对于什么数码产品，潮湿都是大敌。对相机而言，45%～60%是长期存放的理想空气湿度，潮湿的地方是细菌滋生及繁殖的理想环境，会使照相机镜头等光学部件和照相机其他部位滋生霉菌或产生锈斑，对电气设备有较大影响，可导致数码相机的电器件发生失灵等严重问题。在阴雨天或在湿热环境中，如果使用相机，需要及时用软布把表面的水滴擦掉，并将相机置于干燥通风、无阳光直射的地方，干燥后再放入恒温恒湿避光避震的地方储存。网上经常见到的保鲜膜裹镜头的方法，在短时间内是可以的，但这种操作方式在防水上有效果的同时，也会阻挡水分的挥发，所以不能在长时间放置相机的时候这么做。

电池或电源与器材分开存放——无论距离下次使用的时间是很长还是很短，把器材放入柜子存放之前都需要取出电池和电源，将其分开进行存储，并为其提供专用的存储设备。

机身与镜头分开存放——久置之前，要把相机皮套、机身、镜头分开放，因为皮套（特别是真皮制品）更容易吸湿、长霉。

清洁卫生——器材使用前和使用后都需要进行清洁工作，主要是表面污渍的擦除。在擦拭的过程中，要着重注意取景目镜、机身后盖和皮套后背。因为取景时摄影师的睫毛、眼眶和鼻子会接触这些地方，留下面部油迹，一旦保存时没有做到恒湿的环境，湿度适合，霉菌就会首先在这些地方繁殖。

功能复位——虽然很多器材在关闭后电子功能会复位，但是一些机械操作的部分仍然需要人工进行复位，以方便下次使用器材，同时可以避免一些拉簧结构的操作杆弹性下降。

图3-26　摄像器材箱

图3-27　摄像器材柜

图3-28　摄像器材仓库

2. 拍摄前器材的准备与出库

　　一次影像采集拍摄任务涉及的硬件器材往往数量众多，加上拍摄现场人数众多，涉及各个组或部门的道具多，因此在拍摄前要做好相关器材的出库统筹工作（如图3-29、图3-30所示），防止拍摄时缺少对应器材以及拍摄结束后器材的遗失。

图3-29　摄像器材的准备和出库（1）

图3-30　摄像器材的准备和出库（2）

　　一般来说，出库统筹都会采用表格的形式用以记录，表3-2为常见的摄像器材出库单。

表3-2　影视器材出库单

出库日期：2020年6月15日

编号	器材名称	序列号	数量	入库日期	使用人
1	Canon EOS C300 MARK Ⅱ	20130512003	2	2020.6.16	李子谦
2	Canon RF 70-200mm F2.8 L IS USM	20140911024	2	2020.6.16	李子谦
3	Canon EF 24-70mm f/2.8L Ⅱ USM	20130512008	1	2020.6.16	李子谦
4	豪霖H-V25	20150128002	1	2020.6.16	李子谦
5	希铁ZITAY BP-A60 A30	20130512010	2	2020.6.16	李子谦
6	爱图仕Aputure LS 600d Pro	20151113001	2	2020.6.16	李子谦
7	闪迪SDCFXPS-064G	20181205012	2	2020.6.16	李子谦
8	PavoTube Ⅱ 6C	20170305009	1	2020.6.16	李子谦
9	selens椭圆形反光板80*120cm	20160522002	2	2020.6.16	李子谦
10	跟焦器齿带	20130512013	4	2020.6.16	李子谦
11	鸢翼M30PX+双臂+背心套装	20191201001	1	2020.6.16	李子谦

　　上面表格的形式并非唯一，可根据实际情况进行调整。每次出库前由摄影师提出设备需求，初级人员辅助摄影师考虑器材配套硬件。出库时需要逐一核对器材名称、序列号、数量，以及确定器材状态是正常良好可使用，并签字确认。在拍摄期间，每一个器材的使用和收纳需要及时进行，避免器材在不使用时发生碰撞，影响拍摄和产生物损。

3. 拍摄期间器材的组装与辅助

　　在拍摄过程中，摄影师的主要任务是根据导演和文案确定的内容，完成拍摄任务，其精力在于分析文案内容，确定每一个镜头拍摄的机位、角度、景别和构图，以及固定机位和运动机位的选择等，这也是影视采集中级人员的工作定位，其一般担当的是拍摄创意的完成工作。在片场，拍摄器材数量多且复杂，而且工作节奏紧凑，因此器材的组装和调教需要摄像助理（初级人才）来进行，以便加快进度和环节转换的节奏，提高摄影师的工作效率。

　　在器材的组装上，工作主要包含以下内容：

　　摄像机和镜头的组装——对镜头和相机结构了如指掌，安装速度快；对短焦、中长焦各焦段的概念、定义和功能非常熟悉，能够迅速根据摄影师意图为摄影机装配所需镜头。

　　三脚架和摄像机的组装以及高度架设——熟知各类型三脚架和云台的结构和安装方法，对平拍、仰拍和俯拍的概念熟悉，能够根据被摄对象高度和拍摄角度要求迅速调整三脚架高度，架设符合摄影师需求的机位。

　　稳定器的组装与调教——熟练掌握手持稳定器和背心稳定器的安装，能够快速将不同类型摄像器材与稳定器进行组装和穿戴，并进行开机后的功能复位、重力设置等，保证稳定器能够正常运行，以及在拍摄过程中尤其是摄影师后退拍摄时，了解摄影师的走位来"牵引"摄影师进行安全的后退拍摄。

轨道的架设和轨道车的使用——能够在满足地形条件的情况下快速地架设或直或曲的轨道，合理使用枕木保持凹凸地形下轨道的平整，并在轨道上安装轨道车，以及能够按照摄影师意图操作轨道车，满足摄影师对移动机位的匀速、加速、减速和不同速率的拍摄需求。

摇臂的组装与操作——对影像采集初级人员来说，摇臂的组装主要针对小型摇臂，即长度在2米以内，可以单人组装和进行操作的。大型摇臂的组装通常涉及专业人员，且对应人数为复数的机组人员。初级人员需要能够运用小型摇臂完成机位的推拉摇移运动。

灯光器材的组装与操作——熟悉各类型灯光的功能，熟知灯光专业术语，能够快速组装各类型的灯光器材，并根据摄影师需求完成灯光亮度、色温、照射范围的调整，以及在部分情况下小型补光器材的操作和运用。

另一方面，在拍摄过程中，摄像助理（初级人员）还需要辅助摄影师完成镜头拍摄，除了如上述内容中描述的，在使用稳定器、轨道车和摇臂时辅助摄影师机位移动外，还包括辅助摄影师进行镜头的对焦和跟焦，具体工作流程为：

在拍摄前，先让演员进行预演，当演员走位时，找好场景中的参照物，如果没有参照物，那就要自己在场景中做好位置标记。此外，如果演员运动的距离较长，那么就需要在场景中多找一些参照物。

当演员来到参照物或标记点时，让演员停下，摄像师助理找好焦点，并在跟焦器的干擦环上用白板笔做好标记。

实拍时，摄影师专注于镜头的运镜和构图，而摄像助理则根据演员走位以及事先做好的标记，来实时调整焦距，辅助摄影师完成镜头的拍摄。

4. 拍摄完成后器材整理和素材整理

每次拍摄完成后，摄像助理需要对片场的器材进行收纳整理，除了拍摄素材所用的存储卡或者硬盘外，将所有硬件及其配件对应出库清单逐一核对，检查是否完好无损，关机，拆解，清洁，签字验收，最后放入收纳箱或存储箱妥善保存，重新入库。

片场工作结束后，摄像助理的一项非常重要的工作就是拍摄素材的存储和整理，工作内容具体如下：

将存储卡连接电脑设备，将当天拍摄的素材全部拷贝在电脑上，拷贝时用复制而不是剪切，防止突然断电或者设备卡顿造成拷贝过程中断，损失重要数据。

一般来说，一个标准的镜头影像素材第一个画面是场记人员展示在镜头前的导演板，上面记载有场号、镜头号和拍摄次数号等关键检索信息。摄像助理首先根据场号来建立对应素材目录，再根据镜头号进行存储目录的细分，最后根据拍摄次数顺序来命名每一个素材文件（如图3-31、图3-32、图3-33、图3-34所示）。另外，场记板也是一个参考要素，场记板上会备注每一次拍摄是通过还是未通过，未通过的原因也会被记录，我们需要将未通过的原因也简洁地反映在素材文件名上，因为有的素材虽然在某一两秒出现了问题，但是其他部分可能也可以在后期剪辑上利用，所以不能将没有通过的镜头一律删除。但对于明显标注拍摄作废的镜头，如开拍后演员未就位，这样的素材可以在存储时直接删除。

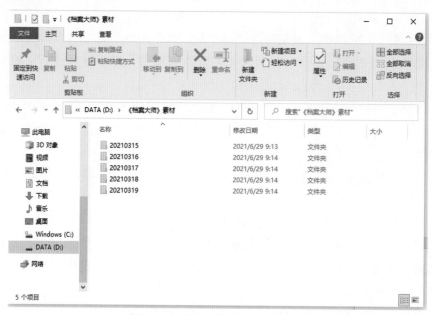

图3-31　素材存储目录设置（1）

图3-32　素材存储目录设置（2）

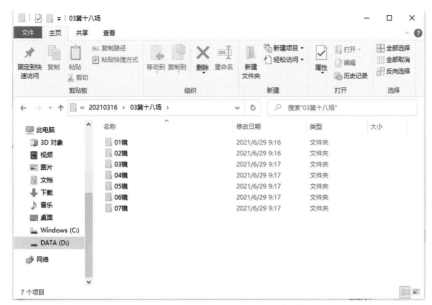

图3-33　素材存储目录设置（3）

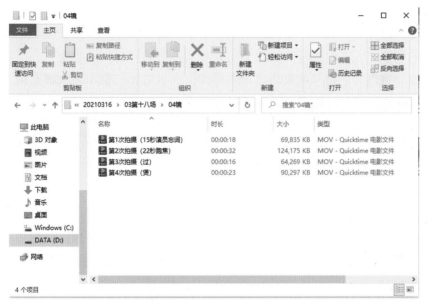

图3-34　素材存储目录设置（4）

还需要注意的是，有时候因为人手问题，摄像助理可能需要同时辅助2名以上的摄影师，产生的素材就需要根据不同的摄影师进行分别存储，一般主机位的摄影师称为"A摄"，另一位摄影师称为"B摄"，依此类推。存储素材时根据摄影师分开保存，可以防止一个目录下相同的镜头拍摄多个素材，检索混乱。

素材全部整理保存完毕后，就将存储卡或者硬盘进行清点入库，签字验收，一次拍摄任务正式告一段落。

最后需要说明的是，摄像助理的工作虽然是根据摄影师的需求进行辅助拍摄，但是并不意味着摄影师事无巨细地给助理安排事务，摄像助理需要和摄影师有一定的默契，相互之间的分工合作交流往往点到为止。这需要助理和摄影师有长期的磨合以及私下经常交流工作方式方法，这样做除了可以进一步提高片场工作效率之外，也有助于摄像助理自我层次的提高，是为日后晋升为摄影师而做的必要努力。

3.3.2　无人机

无人机影像采集是近几年兴起的一种拍摄方案，不仅运用于航拍，有时也用以替代常规摄像机的摇臂和轨道拍摄。无人机的摄像镜头有两种形式，一种是以大型专业无人机为代表，可以携带单反相机和摄像机，其镜头即为相机镜头，称之为专业无人机；另一种则是较为普遍的小型无人机，自带摄像镜头，为消费级无人机。后者携带方便，价格较低，物损成本也在可控范围内，因此为大多数摄影摄像团队和公司所采用，本章节也以此类型无人机操作为教学内容。

无人机的影像采集一般用于一定高度的俯瞰航拍，取景多为大景别远景，并且，无人机自带镜头多为短焦镜头，以尽可能容纳更多景象，所以在构图上参考远景和全景构图法则即可。短焦镜头的焦距范围覆盖广，基本不会出现运用虚焦的场合，因此也省略掉了对焦的环节。而在拍摄环节，由于无人机飞行距离较远，导演板失去了其作用，也不需要场控，拍摄的开始和结束均由无人机操作人员进行把控，无人机操作人员仅需要按照导演的要求框架尽可能多地采集素材即可。

另一方面，无人机拍摄的影像素材在视频运用中一般用于开幕、落幕或者转场画面，不是视频内容主体，且上手操作较为简单，所以对于影像采集初级人员，不仅辅助摄影师进行飞行前航线规划和飞行前检查是较常见的工作，还经常需要亲自操作无人机进行拍摄任务，独立完成相关影像采集工作。

由于市面上无人机品牌和型号众多，无人机具体操作步骤根据实际使用的器材而变化，总地来说，无人机的影像采集在流程上与地面拍摄所常用的数码单反和摄像机不同的部分，主要是以下几个步骤：航线规划、起飞前检查、飞行拍摄、降落。

1. 航线规划

航线规划看似简单，但却是无人机影像采集的基础（如图3-35所示）。飞行前的航线规划是保障安全飞行的前提。航线规划时要考虑两点：自己此次拍摄的画面内容设计；考虑飞行区域的安全隐患，避开人群。

无人机在执行任务时，会受到如禁飞区、障碍物、险恶地形等复杂地理环境的限制，因此在飞行过程中，应尽量避开这些区域，可将这些区域在地图上标志为禁飞区域，以提升无人机的工作效率。此外，飞行区域内的气象因素也将影响任务效率，应充分考虑大风、雨雪等复杂气象下的气象预测与应对机制。

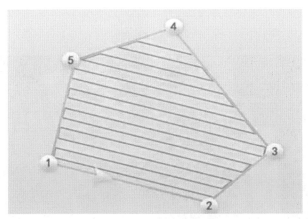

图3-35　航拍路线（知乎）

另一方面，虽然随意飞行常有惊喜，但做好准备会让航拍更安全，更有效率以及有针对性地完成拍摄任务，还可以解决我们"拍什么，怎么拍"的问题。通常航线规划借助专门的APP完成，包括Altizure、Pix4d、DJI GS pro（ipad版）、rockycapture（安卓版）等。例如Pix4d（如图3-36所示）是一款常用的三维重建生成无人机正射影像的软件，也有自己的航线规划软件，很稳定也很实用，软件拥有友好的界面、快速的运行、精确的运算等特点，可以从摄像机拍摄的图像中提取有关地球和周围环境的信息，无需专业知识，无需人工干预，支持通过手动或者无人机捕获区域的不同图像，并通过在软件中使用图像来获得精准的输出地图。而RockyCapture（如图3-37所示）拥有自动规划、一键控制、实时跟踪的特点，可进行视频、相片的拍摄工作，更具有立面飞行、地形跟随的功能，支持外部KML数据导入，可以简单、快捷地完成无人机区域飞行工作。此外，还有很多其他软件各有优点，在这里不做赘述。

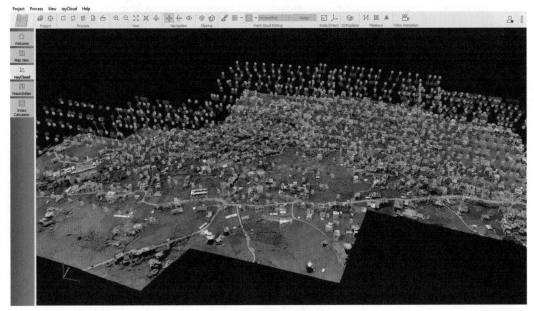

图3-36　Pix4d软件界面

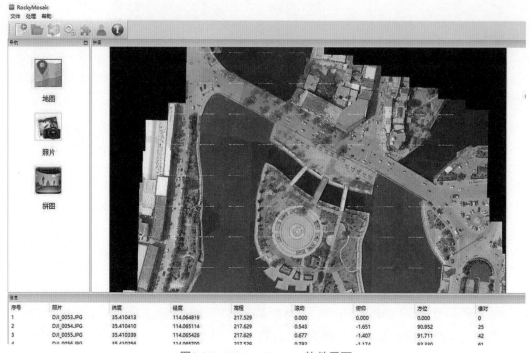

图3-37　RockyCapture软件界面

2. 起飞前检查

任何一次飞行之前，都需要检查一些内容（如图3-38所示），而且这几项安全检查并不会随着操作者的技术愈发熟练而取消——就像驾驶车辆一样，老司机也需要时时刻刻检查车况。

图3-38　无人机飞行前检查（sohu网）

各类型无人机的飞行前检查方法在说明书都有详细交代，主要是机身外观检查、桨叶安装与固定检查、接线检查以及气候环境检查等，这里不再详述，最关键的几点分别是：①电池是否充满；②螺旋桨是否旋紧；③SD卡是否插上。

电池满电，意味着能对整个飞行过程有个大致的把控，不至于出现高空迫降，或者飞不回来的尴尬状况，更不会寄托于低电量返航。螺旋桨不仅要旋紧，更要检查其安装无误。飞行的时候，尽可能避免过猛的操作，保证平稳过渡。因"射桨"导致的炸机事故不少，更甚伤人。SD卡也是检查重点，许多无人机操作者都发生过到了地方却忘记带存储卡的窘境。同时，备好备用螺旋桨、电池以及备用SD卡等部件，由于多数轻微飞行事故，只有螺旋桨会发生损坏，此时替换螺旋桨就能继续飞行，不影响原定的拍摄，而备用电池和SD卡能延长一次拍摄的时间，间接降低拍摄成本。

最后，在无人机起飞之后，还要进行试操作，观察其飞行状态与遥控器操作是否一致。

3. 飞行拍摄

无人机在拍摄手法上与传统影像采集手段最大的不同在于，无人机很少固定在一个位置进行拍摄，运动拍摄是它的主要拍摄手段，它可以利用自身的飞行特性，不受器材和场地的限制完成各种类型的推拉摇移跟的运动拍摄。

在进行开阔地形的自然场景以及建筑场景的航拍任务中，通常无人机以推镜头拍摄为主，也就是俗称的直飞，用以表现地形的开阔和视角的宽广，这也是多数航拍的飞行拍摄手法。根据镜头角度不同，拍摄手法又分为平视直飞和俯视（0～90°）直飞。我们所要做的就是控制好飞行高度和前进路线，并可留有一定前景，这样飞行过程中镜头会不断呈现出画面和细节的变化，或者为了体现拍摄对象的规模，数量也可应用此法。如果前景还是个狭窄空间，直飞穿越后呈现出开阔的画面，会给人以豁然开朗的感觉，如峡谷中飞行。直飞结合升降拍摄，画面表现的力度会极大地提高，同时还有直飞结合回转镜头的用法。

部分情况下，还可以运用后退倒飞的手法，也就是直飞的倒飞手法，可根据镜头角度分为平视倒飞和俯视（0～90°）倒飞。因为倒飞的原因，前景不断地出现在观众面前，如果有多层次镜头，航拍镜头倒飞是一种绝佳选择。选择倒飞就像人在倒走，后面是盲区，所以要注意后面障碍物。后退倒飞时，动作也可以组合多变，比如边倒飞边拉升，这样逐渐体现大场景的宽度和高度，这种由近及远的画面变化感也很吸引人，推荐后退倒飞结合升降旋转的组合动作。

在进行有一定高度的地形和建筑的航拍任务中，无人机以垂直升降拍摄为主，以表现对象的高度感，并且在升降过程中，镜头可以随着高度变化调节俯仰角度，一般来说，高度较低时镜头一般用平拍，随着高度上升，镜头可以调节成俯拍，结合无人机自下而上拉升飞行，较易塑造场景的恢弘感。在拉升动作中，有一种镜头完全垂直向下的俯视拉升，这个视角从天空俯瞰地上的万物，别有一番感觉，又被称为上帝的视角。俯视拉升随高度的增加，视野从局部迅速扩张至全景，突显以小见大的画面效果，俯视下降则反之。如果在俯视拉升时加上旋转，边旋转边拉升，可以使画面更吸引人。

大部分无人机都有自动环绕功能，利用环绕可以拍摄以特定对象为主角的视频素材，一般来说环绕拍摄的对象都处于相对周围场景有明显高度优势的位置，如高楼和山顶，抑或者拍摄对象与周围其他景物有较明显的不同，如体育场、人数密集的人群等。

对于航拍而言，高飞并不是消费级无人机的优势所在，它远没有有人驾驶飞机飞得高、飞得快，但无人机最大的优势是可以贴地飞行。在树梢高度掠过可以拍清更多细节，也更刺激，这也就诞生了另一种拍摄手法：低飞抬头。即是在低空飞行过程中逐渐调高镜头摄像角度，从受局限的俯视过渡到开阔的视角。在水面和草地上飞是常见的画面，这个画面开始的时候，俯视水面和地面，然后镜头逐步抬起，以一种未知的受限的视觉，过渡到壮阔的前景展现在眼前，也是一种让人豁然开朗的感觉。

以上是无人机影像采集的常用飞行方法和策略，具体到实际运用场景中，还有很多富有创意的飞行手法，要根据具体情况具体调整，灵活多变，打破常规，方能拍出精彩的航拍视频。

4. 降落

拍摄任务完成后，无人机的操作容易在降落前就提前松懈，或操之过急，导致本应该可以完美地完成的飞行任务，却在最后的降落环节功亏一篑，产生失误坠毁，俗称炸机收场，因此，一次完美无人机拍摄是以最终安全降落为闭环的。

无人机降落的操作要点是要慢、要稳，因为当无人机距离地面30厘米的时候，会产生地面效应，所以一定等到悬停平稳了再缓缓收油门，动作要柔和。落地后要保持油门收底5秒钟，等到电机自动加锁后再松杆，加锁时应该尽量避免手动掰杆加锁。一方面，手动掰杆加锁动作比较复杂；另一方面手动掰杆加锁会使电机马上停止，如果养成手动掰杆加锁的习惯，有可能会导致无人机尚在空中电机却已经停止，从而导致炸机。而系统自动加锁则为无人机降落提供一个怠速的过程，使得无人机降落时更加安全。

对于无人机初飞者或者不熟练的操作者，建议在无人机降落时先把无人机稳定在降落点上方3～5米处悬停，将飞行模式切换为GPS模式，然后对无人机执行自主一键降落。安全着陆后，无人机才算完整地完成一程安全飞行。

3.4 岗位案例解析

案例：网络大电影《玄灵界》第十四场

导演：金毅

摄影：章琦、康海亮

拍摄时间：2016年7月8日拍摄

内景：陆讯家　白天

出场人物：陆讯、凌妙可、警员A、警员B

陆讯瞪大眼睛，已经僵死在沙发上，警员A拍摄他的死亡现场。

凌妙可警官走进案发现场，环顾四周，拿起烟灰缸里熄灭的烟头观察。

旁白：经过初步调查，死者陆讯，年龄22岁，现场勘察没有发现任何他人指纹和脚印，也没有发现任何破坏与搏斗痕迹，暂时排除他杀的可能性。

警员B从沙发后走向死者陆讯，发现死者陆讯后颈有异样。

警员B：凌警官，过来看一下。

凌警官放下烟头和警员B一同查看，发现死者脖颈处有一个奇怪的烙印符号。

凌警官和警员B面面相觑，此时凌警官的电话响起，她离开现场去接电话。

本场戏的分镜头由编者本人根据剧本进行绘制，具体如图3-39、图3-40、图3-41、图3-42所示。

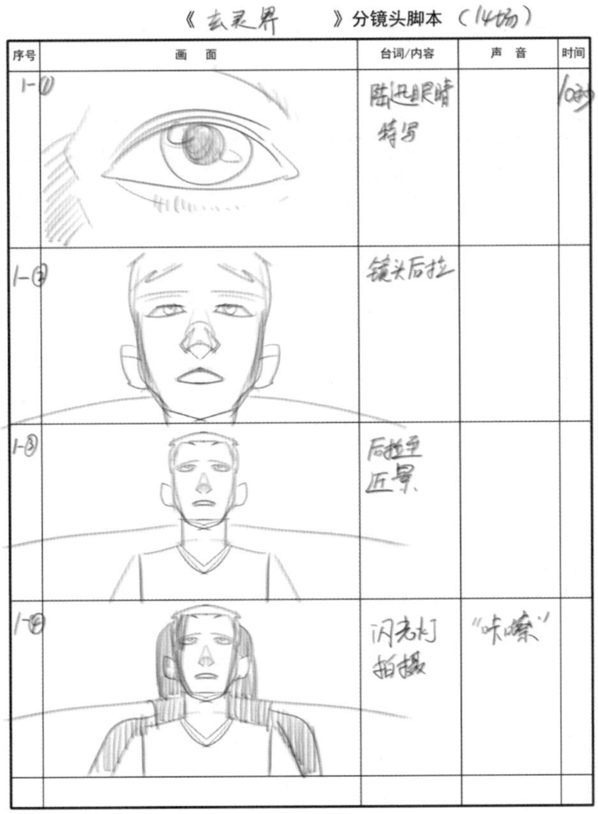

图3-39　《玄灵界》分镜头（编者绘）

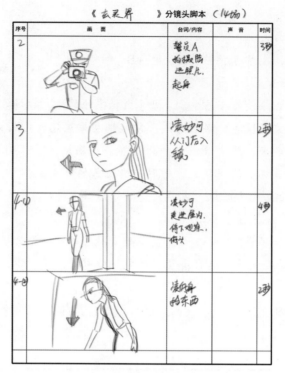

图3-40　《玄灵界》分镜头（编者绘）

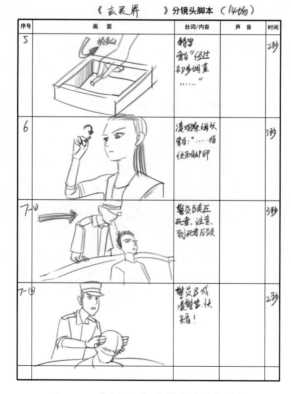

图3-41　《玄灵界》分镜头（编者绘）

　　由于剧本、分镜头脚本都已经落实到位，摄影师可以以此为依据，首先确定本场戏需要的拍摄器材。本片统一采用RED ONE数字电影摄像机为拍摄器材（如图3-43所示），双机位拍摄；镜头方面，考虑到有中全景场景画面和特写因素，准备MovieCam Compact Super 50mm镜头和Carl Zeiss Standard Prime T2.1 85mm镜头，用以分别应对场景和特写；三脚架选用图瑞斯TX-V12L和配套云台、云台滑轨、取景器、跟焦环、遮光罩等若干；使用4米的轨道（室内拍摄轨道不需要太长）和轨道车，具体型号不再赘述；而灯光方面，因为本项目制作较为庞大，有专门的灯光组成员对灯光器材进行管理、组装和调整，因此摄影助理的工作完全围绕摄影师来进行。

图3-42　《玄灵界》分镜头（编者绘）　　　　　图3-43　REDONE摄像机

　　将所需器材整理完毕，填写出库清单，集中装箱运送至拍摄现场。首先将摄像机、云台、云台滑轨、三脚架、取景器、跟焦环进行组装，再根据镜头号，为摄像机安装镜头和遮光罩。以本场戏2号镜头（如图3-44所示）和4号镜头（如图3-45所示）为例（两个镜头实际为一个镜头拍摄完成，中间剪辑插入了3号镜头近景），采用的是中景和全景画面，为了避免广角畸变，保证空间与人物关系比例，不能选择低于35mm的镜头，而70mm以上镜头又因为室内空间狭小，拍摄难以容纳更多环境，因此选用50mm镜头进行拍摄。组装步骤完成后，需要即刻将设备器材的运输箱及时关闭和放置统一位置，一般大件在内或者下方放置，小件靠外或者上方放置。

图3-44　《玄灵界》影片截图（金毅2016）

图3-45　《玄灵界》影片截图（金毅2016）

　　本项目在一间别墅内进行拍摄，拍摄场景为客厅，所有的器材全部在拍摄现场进行组装，而运输箱则集中放置在与拍摄场地无关的房间，避免人员走动给器材管理增加难度。

　　再就是调整三脚架的高度。电影的拍摄为了给观众最合适的观感和参与感，除了观察角度和一些传达特别情绪、气氛的情节外，一般三脚架高度以保证摄像机和演员眼睛高度平齐的位置为宜，本场的1、2、3、6、7、9号镜头全部选择平拍机位，因此要根据被摄对象的视平线高度架设三脚架，其中，2号镜头和4号镜头虽然为同一镜头拍摄，但是因为2号镜头高度是与蹲下拍照的警员A高度平齐，因此4号镜头下凌妙可警官走进镜头时有一定的仰角。在大多数情况下，如果摄影师没有提出要求，摄像助理都要遵循相机高度与被摄对象眼睛高度一致的规律去调整三脚架。

　　5号镜头、8号镜头分别为烟灰缸和演员后颈的特写镜头，选用事先准备的85mm镜头进行特写拍摄。固定机位的对焦由摄影师本人完成，摄像助理无需插手，仍然只负责三脚架的高度调整，此两个镜头因为是特写，烟灰缸平拍不能拍到容器内烟头，演员后颈画面则是凌妙可主观视角，因此都采用俯拍角度，将三脚架高度架设到高于被摄对象位置即可（如图3-46所示）。

图3-46　《玄灵界》片场照

7号镜头和9号镜头为同一镜拍摄，中间穿插8号特写镜头，为了展现较高的拍摄画面素质，此镜头（7号和9号）选择用运动镜头拍摄（如图3-47、图3-48、图3-49所示）。用轨道车从右缓缓移向左，移动速度要求很慢，以降低其运动镜头属性，让观众的注意力仍然集中在画面内容上，同时缓慢的移动能够营造出画面整体的悬疑气氛，因此摄像助理在操作时，需要注意控制轨道车的速度（如图3-50，图3-51所示），在缓慢的移动拍摄过程中，跟焦操作更要求精确无误。

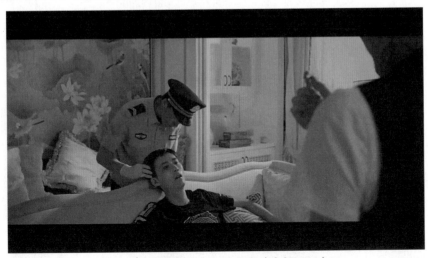

图3-47　《玄灵界》影片截图（金毅2016）

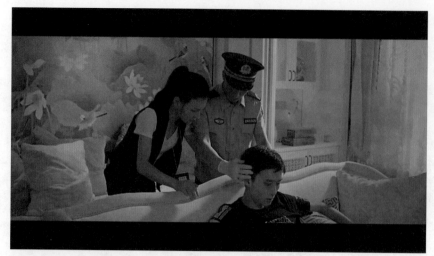

图3-48　《玄灵界》影片截图（金毅2016）

图3-49　《玄灵界》影片截图（金毅2016）

图3-50　《玄灵界》片场照

图3-51　《玄灵界》片场照

　　在这场戏的9个镜头（实际镜头拍摄数量为7个镜头）拍摄过程中，摄像助理的主要工作是摄像器材的组装、镜头的安装、三脚架高度的调整、轨道车的控制以及跟焦对焦操作，让摄影师集中注意力在镜头拍摄本身，虽然这些操作摄影师也可以独立完成，但是这会增加拍摄时间的消耗，以及摄像操作时摄影师如果既要保证运镜和构图，又要兼顾镜头移动和对焦，失误率会大大增加，无形中提高了拍摄成本。由此可见摄像助理的工作是影像采集必不可少的一部分，和摄影师的默契程度会极大地影响片场的工作节奏和效率。

　　本场戏拍摄完成后即进入下一场戏的准备拍摄阶段，因为下一场戏仍然在这个场景进行拍摄，所以摄像助理仅需要对部分器材进行收纳整理，除此之外，服化道部门给演员进行化妆，灯光组重新进行灯光布置，导演则和摄影师沟通下一场戏的拍摄手法和机位，摄像助理按部就班完成器材收纳和下一场戏的器材准备工作（如第15场戏需要的斯坦尼康稳定器的初步组装待命），然后就需要将本场戏的拍摄素材及时进行拷贝备份。虽然有时候我们等待全天的工作全部完成后再进行素材归档整理，但在剧组工作中，往往因为各种原因，时间不能完全按照计划进行安排，很可能一天的拍摄工作需要进行到很晚。如果等待一天结束再去拷贝素材，对工作人员的精力其实是一个比较大的考验，也容易发生错误，因此，最好是在拍摄转场衔接过程中及时完成上一场戏的素材整理，甚至剪辑人员可以在现场进行初步的粗剪工作，以检查拍摄时是否有穿帮或者遗漏，以便及时补拍，所有一切安排都是为了提升工作的效率和减少失误。

3.5 实操考核项目

（1）考核题目

根据提供的一组陶瓷制品和灯光，自主进行摆台和布光，并选取五个角度进行拍摄，每个角度拍摄一张照片，最终提交五张照片。

（2）考核目标

通过本次实践操作，考核考生的场景搭配和灯光设置，以及对相机的基本操作和使用。

（3）考核重点与难点

● 相机的基本操作与使用。

● 合理布置场景，选择视角进行构图以及灯光的设计。

（4）考核要素

● 作品名称：《陶瓷制品静物拍摄》。

● 作品性质：静态形象采集实操。

● 拍摄工具：数码单反相机、灯光、三脚架。

● 实操要求：根据提供的一组陶瓷制品和灯光，自主进行摆台和布光，并选取五个角度进行拍摄，每个角度拍摄一张照片，最终提交五张照片。

● 实操素材：陶瓷制品三至四件，区分高矮胖瘦，颜色需要分别有深色、浅色和纯白。

● 考核形式：实操考核。

● 试题来源：自行编撰。

● 核心知识点：画面构图原理、相机曝光原理、相机基本操作。

（5）参考答案

如图3-52所示。

图3-52　实操题参考答案

（6）评分细则（考核标准）

①主体突出，构图合理均衡，画面平稳不倾斜，对焦准确，占50%。

优秀：45～50分；良好：40～44分；合格：30～39分；不合格：0～29分。

②影调清晰，主体轮廓清晰，层次丰富，占30%。

优秀：27～30分；良好：24～26分；合格：18～23分；不合格：0～17分。

③布光合理，曝光控制恰当，占20%。

优秀：18～20分；良好：16～17分；合格：12～15分；不合格：0～11分。

第4章
二维制作

二维制作在计算机二维动画中承载着重要部分，它几乎取代了传统动画的某些工艺，缩短了动画制作流程。以原手绘动画工艺流程为基础，全程在电脑上制作动画——采用"手绘板（压感笔）+电脑+CG应用软件"将原有的人物设计、原画、动画、背景设计、色彩指定及特效全部转入电脑来完成。在新媒体技术还未出现之前，传统手绘动画是动画创作的主要工艺。从早期的线条表现到色彩丰富的现代动画，手绘工艺创造了动画艺术法则和真理，掌握了动画技术的命脉。

培养目标

培养学生综合动画艺术修养，掌握动画基本理论和技能的基础，具备一定创新动画能力，以及掌握一些二维软件的基本操作和绘画能力。了解常规二维动画制作的规范标准和操作技能，能够在一定的辅助下，合理运用掌握的动画标准和技术，完成项目中简单的原画设计、中间帧的绘制以及动画短片。为将来进一步深造，并从事二维设计、绘制等工作打基础。

就业面向

主要面向影视、动画、游戏、广告、设计等领域，从事动画原画师或动画师的助理或简单分镜、原画、动画等局部工作。初级阶段需要掌握二维项目制作的规范标准和操作技能，能够在一定的辅助下，合理完成项目中单个或多个简单制作环节，可以担任二维动画师（实习）的工作。

4.1 岗位描述

一部动画片的诞生，需要很多人的协同工作，其中包括编剧、导演、角色设计、场景设计、设计稿（分镜）、原画、动画、绘景、描线、上色、校对、摄影、剪辑、作曲、拟音、对白配音、音乐录音、混合录音、特效合成等十几道工序的完美合作，才能够完成一部动画片的制作，如图4-1所示。

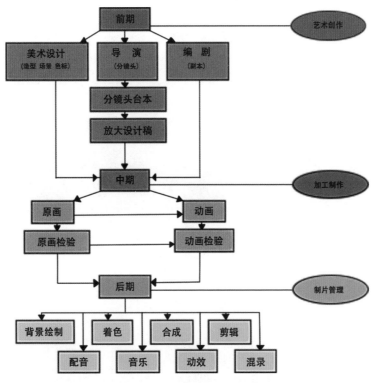

图4-1　动画的创制作流程图

二维动画涉及游戏动画、影视动画、交互动画、工业动画等不同领域。

● 游戏动画：依托数字化技术、网络化技术和信息化技术对媒体从形式到内容进行改造和创新的技术，覆盖图形图像、动画、音效、多媒体等技术和艺术设计学科。

● 影视动画：指的是动画电影，影视二维动画涉及影视创意、前期拍摄、影视动画、特效后期合成等。

● 交互动画：是指在动画作品播放时支持事件响应和交互功能的一种动画，也就是说，动画播放时可以接受某种控制。

● 工业动画：可以更详细、完整、互动地展示企业的产品，工业动画使目标受众更自觉、主动地接受企业的产品。多媒体产品动画演示可以做到，使工业动画引领用户直观方便地了解产品的结构及工作原理。

4.1.1　岗位定位

该模块对应的岗位主要是二维动画师助理。

该岗位工作人员的主要工作内容如下：

● 负责协助项目中动画内容的制作。

● 熟练地进行人物动画的制作，灵活掌握各种动画类型，根据工作内容制定动画制作方式。

● 具有较高的审美水平与表达能力，熟练掌握动画制作的各种软件与技能，如 Photoshop、Adobe Animate、Moho、Toonz、TVpain等。

● 执行力强，思维方式灵活，能根据不同的情况改变动画的制作形式与方法，能独立解决棘手问题。

● 具有良好的沟通、协调和管理能力，优秀的职业素养，具有团队精神，责任心强，能承受压力和接受挑战。

● 对新事物学习能力较强。

4.1.2　岗位特点

初级能力的岗位人才，重点要熟悉和掌握二维制作项目的标准化流程和规范性操作，在此基础上掌握简单的二维动画的制作，以辅助二维动画师提供相关配套文件，同时具备学习深造的基本素质，工作上侧重于学习与提高。

该岗位的特色如下：

● 美术要求：动画想要做得吸引人，除了剧情之外，画面、镜头等也很重要，毕竟一部动画主要也是由这些构成的，所以动画师必须对这些元素有深入了解。首先，动画师必须要有一定的美术认知，例如色彩原理、设计、人体解剖学、人物姿态等；其次，二维动画师必须要有较强的手绘功底，因为二维多注重画面的质量。

● 技术要求：想要制作出一部动画，除了基本的美术要求外，肯定离不开技术，随着科学发展越来越快，社会和行业对于动画的技术要求越来越高。二维动画师必须掌握的软件和技术有Photoshop、Illustrator、CorelDRAW、Painter、Adobe Animate、Moho、Toonz、TVpain、Digicel等。一般来说，起码要掌握三种以上的软件和技术，才能成为一名出色的二维动画师。

4.2　知识结构与岗位技能

本节内容包含了原画与动画的关系、相关知识结构以及软件技能要求。

4.2.1　原画与动画的关系

不论什么表现形式的手绘动画，表现其制作工作，都要从"原画"谈起。

现在与绘画有关的许多专业都有原画这一称呼，如电影、游戏、卡通漫画、动画等。通常来讲，原画指相关的概念设计，而动画领域的原画则是动作设计的一部分，是动画设计和绘制的第一道工序，如图4-2所示。

图4-2 案例选自《昨日晴空》影片

原画

原画是依据设计稿中所指示的任务姿态、表情、位置、构图及运动路线等要求进行动作、表情设计。原画是一个完整动作过程的若干关键瞬间，动画中角色的一切表现定位，都是由原画来完成的。同时，原画也要将动画角色的性格特点表现出来，如图4-3所示。

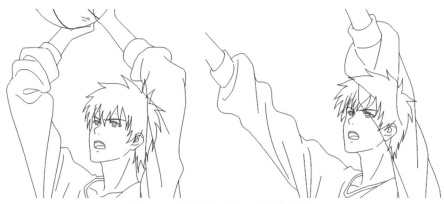

图4-3 案例选自《昨日晴空》影片

对原画师的要求如下：

● 熟悉人物性格与人物造型。

● 掌握镜头画面设计稿。

● 能够把握时间、空间关系，填写摄影表。

动画

动画是根据原画绘制出来的，也叫中间画。动画师的职责和任务是：根据原画关键动作，按照原画所规定的动作范围、张数和运动规律，把关键帧之间的变化过程均匀地填充起来，一张一张地画出中间画。概括地说，动画就是运动物体关键动态之间渐变过程的画，如图4-4所示。

对动画师的要求如下：

● 领会原画意图。

● 读懂摄影表。

● 掌握动作过程、透视变化、运动规律等技巧。

图4-4　案例选自《昨日晴空》影片

（为方便看清，彩图为中间图，黑色线条为关键帧。中间图通常是线条，请勿误解）

两者关系

原画师的原画表现的只是角色的关键动作，因此角色的动作是不连贯的。在这些关键动作之间要将角色的中间动作插入补齐，这就需要动画师一张一张地画出中间画，使角色的动作连贯流畅。

4.2.2　知识结构

表情精彩鲜活的表演是一部影视动画作品最能够深入人心的地方，也是整部影片的灵魂所在。每部优秀的动画影片中角色的喜怒哀乐都会让我们感同身受，所以，想要获得观众的认可，不仅仅需要能够打动观众的故事情节，更重要的是如何通过表演塑造角色表情来表现人物的内心世界，如图4-5所示。

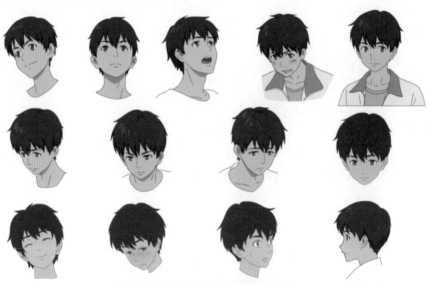

图4-5　案例选自《昨日晴空》影片

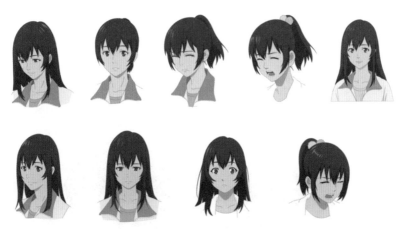

图4-5（续）　案例选自《昨日晴空》影片

头部结构

设计人物表情的褛花，首先要了解角色头部的结构特点，表情变化是通过角色五官的变化、肌肉的伸缩来显现的，这些部位的变化是有规律可循的，如图4-6和图4-7所示。

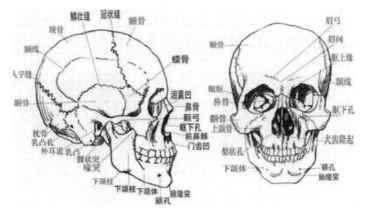

图4-6　头部结构

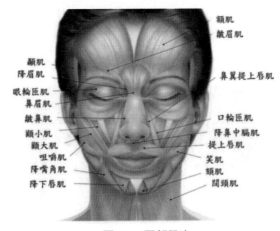

图4-7　面部肌肉

（图片选自百度百科）

表情规律

在各种各样的动画片中，其口型的基本规律是一样的，但是由于角色不同，所以造型也不太一样。虽然角色的面部表情因人而异，但是他们还是有规律可循的。

（1）基本特征：眉毛上扬，眼睛几乎合闭成下弧形；脸颊肌肉向上提起，脸型变宽；嘴巴张开露出牙齿，嘴角向上挑起；鼻唇沟线加深上抬成内弧形，下颌拉紧，如图4-8所示。

图4-8　案例选自《昨日晴空》影片

（2）基本特征：眉头向下，拉近眉毛和眼睛的距离，眼睛睁开，眼瞳贴近上眼皮；脸颊肌肉向上提起，嘴巴撑开咬着牙齿，嘴角下拉，下颌拉紧，如图4-9所示。

图4-9　案例选自《昨日晴空》影片

（3）基本特征：眉梢和眼角倒挂下垂；脸颊肌肉无力下沉，鼻唇沟线加深，下部向内弯曲；嘴唇微张，嘴角下垂，下颌松弛，如图4-10所示。

图4-10　案例选自《昨日晴空》影片

动画中面部形象由几根简练的线条组成，画面部表情依靠脸部轮廓和五官的变化，根据需要可适当增加几根表情辅助线，来增强表情特征。

4.2.3　岗位技能

1. 传统手绘动画

从早期的线条进化到色彩丰富的动画，手绘工艺创造了动画艺术的法则和真理，掌握了动画技术的命脉，如运动规律、空间认识等都基于手绘动画的总结和传承。

使用的工具：①动画纸；②定位尺；③铅笔；④拷贝桌；⑤扫描仪。

- 动画纸：根据电影或电视画面规格进行尺寸设定，打有定位孔的优质白纸，要求表面光洁度好。
- 定位尺：又名定位器、定位钉，用于动画纸的定位及拍摄。
- 铅笔：黑色铅笔多用来修型，加动画，一般采用0.5～0.7mm的2B铅芯；红色铅笔通常用于绘制正稿或需要重视的地方；蓝色铅笔通常用于绘制草稿、阴影等。
- 拷贝桌：专门用于绘制动画的工作台。
- 扫描仪：将图像导入电脑中再进行加工处理的工具。

2. 数字媒体动画

先进的电脑技术带来了动画制作技术的革新，以前由人工完成的动画描线、上色等制作程序已由电脑技术取代，并能做到使线条和色彩表现得更加准确。电脑技术简化了动画制作过程——全程采用电脑制作动画，直接用手绘板、手绘屏在动画软件系统里作业，省略掉了"二维手绘"中的纸张、铅笔、橡皮、绘景颜料等颜料，去掉了动画拷贝台等硬件投入。

所以要绘制二维动画，就要了解并认识现在二维动画制作用什么软件。主要使用软件如下：

- AN：全称Adobe Animate，是一款最新的HTML动画编辑软件，由Adobe公司荣誉出品，有着强大的功能和更加简便的操作，不仅提供了画笔、铅笔、矢量美术笔刷、360°可旋转画布、彩色洋葱皮等各种绘画工具供用户自由使用，还提供了传统补间动画、形状补间动画、动作补间动画、HTML5画布、自动嘴唇同步等专业强大的功能来帮助用户将各种内容制成自己想要的动画效果。同时，熟悉该软件的用户们都知道，Adobe公司是在放弃Flash后才开始主推Animate的，因此该软件不但维持原有Flash开发工具，还新增了不少实用的HTML 5创作工具，从而为网页开发者提供更适应现有网页应用的音频、图片、视频、动画等创作支持，这样才能更好地帮助用户基于Web制作出想要的动画、游戏、广告等交互式内容。
- Moho：一款2D动画制作软件，为原动画工作室专业版Anime Studio Pro，提供了市场上最强大的2D绑定系统，并与传统的动画工具组合，可以更容易和更快地得到专业结果。Moho Pro 12是一款专业人士使用的，可替代传统动画的更有效的二维动画制作软件。该软件有一个直观的界面和强大的功能，例如Smart Bones™、Smart Warp智能变形、贝赛尔手柄动画、一帧一帧的工具、专业的时间轴、物理和运动跟踪、运动图形、64位架构等，它提供先进的动画工具，以加快工作流程，并结合前沿的功能与强大的技术帮助数字艺术家制作最独特的动画节目。该软件可以完美兼容64位操作系统，可以加速设计用户的流程，帮助你完成惊人的、专业的动画作品。

- TVPaint Animation：有着将传统动画与数位世界所有优点相互结合的工作流程构成的工作环境，设计人员可以在单一的应用程序中完成绘画、动画、特效等功能，轻松绘制出单纯的手绘2D动画。完美支持PSD文件图层导入，支持AVI格式的视频逐帧导入，支持多种图像和视频音频格式，功能甚至完全超越了Flash软件，可以让用户将更多的时间和精力用于构思和创意，从而最大程度地达到你预期的视觉效果，是学生和小型工作室不可多得的创作利器。

- Toon Boom Harmoney：一款非常优秀的2D动画制作工具，界面简洁大方，是目前最专业的2D动画设计软件之一。该软件拥有强大又独特的画笔引擎，具有无限艺术潜力的革命性。Harmony是来自加拿大Toon Boom公司的一款世界知名的创造力效率行业领先的动画制作工具。Harmony被世界领先的动画工作室认可和使用了25年，通过为学生、自由职业者、艺术家和专业动画师提供2D动画和全面制作功能，为其制作动画软件提供了公平的竞争环境。软件拥有传统无纸、剪纸和混合动画制作所需的所有工具，从大型动画公司到小型工作室，都可使用本动画软件来制作电影、电视节目、游戏、解说员视频和广告等。它不仅是一款专业的交互式动画设计软件，还是唯一一个打破位图和矢量图之间障碍的软件。新版本允许您在同一工具中创建艺术品、动画，添加特效和声音，复合和最终制作。它是您动画的一站式商店，将所有工具整合在一起。

- RETAS STUDIO：日本Celsys株式会社开发的一套应用于普通PC和苹果机的专业二维动画制作软件。它的出现，迅速填补了PC和苹果机上没有专业二维动画制作系统的空白。软件共分为四个模块：TraceMan扫描模块、Stylos原动画模块、Paintman上色模块以及CoreRETAS合成模块，它们各有各的分工。《刀剑领域》就是采用RETAS制作完成的。该软件趋向针对色彩比较少的人物和自身运动物体使用，优化针对团队工作的快方式打造工作流。在矢量线条的基础上配有修线稿等功能，可以显著提升流程式动画工作室的效率。复杂背景不建议使用它来完成，功能稍微单调，唯一的好处是RETAS中的四套软件都能无缝结合使用，都能调用摄影表，这是配合其他软件制作动画时都难以替代的。

4.3　标准化制作细则

标准化制作细则包含了传统动画的绘制方法、数媒动画的绘制技巧以及表现技巧。

4.3.1　传统动画（中间画）的绘制方法

动画绘制工作一般是在特制的拷贝台上进行的。动画纸张都是按照一定的规格选用的，并且在每一张动画纸上有三个统一的洞眼（定位孔）。绘制时，必须将动画纸套在定位尺上进行绘制，如图4-11所示。

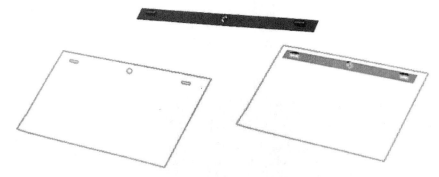

图4-11　传统动画的绘制

常用的中间画绘制技法有以下三种：

● 等分中间画技法：在绘制中间画时，如果两张原画无特殊要求（如加减速度、透视、规律性运动等），只是纯粹的绘制中间画，那么就必须画出它的等分中间画。

● 对位中间画技法：利用动画纸上的三个定位孔来进行对位的。两张动画纸叠在一起时，定位孔的位置会产生差异，以这个差异为依据找到中间画正确的位置。

● 多次对位中间画技法：对位中间画技法是动画工作中常用的一种基本技法。在一张画面上使用一次，叫作一次对位；如果在同一张画面上反复使用两次以上的对位画法，便称为多次对位。

4.3.2　数媒动画（中间画）的绘制技巧

在时间帧上逐帧绘制内容称为逐帧动画，由于是一帧一帧地画，所以逐帧动画具有非常大的灵活性，几乎可以表现任何想表现的内容。逐帧动画在时间帧上表现为连续出现的关键帧。

通常情况下，Adobe Animate在舞台中一次只能显示动画序列的单个帧。使用洋葱皮后，就可以在舞台中一次查看两个或多个帧，如图4-12所示。

图4-12　查看帧

当前帧会是全彩色显示，其他帧内容则是半透明显示，这使所有帧内容看起来好像都是画在一张半透明的绘画纸上，这些内容相互层叠在一起。当然，这时只能编辑当前帧的内容，如图4-13所示。

图4-13　案例选自《昨日晴空》影片

4.3.3　表现技巧

1. 掌握动画十二黄金法则

- 挤压与拉伸：以物体形状的变形，强调瞬间的物理现象。
- 预备动作：加入一反向的动作以加强正向动作的张力，借以表示下一个将要发生的动作。
- 表演及成像方式：角色的仪态及表演方式，配合适当的摄影机运动，能够有效地表达角色的特性及故事中的信息。
- 连贯动作法与关键动作法：属两种不同的动画制作程序，前者根据连续的动作依序制作每一格画面；后者是先定义关键的主要动作，而后再制作关键动作间的画格。
- 跟随动作与重叠动作："没有任何一种物体会突然停止运动，物体的运动是一个部分接着一个部分的"，这是华特·迪士尼当初对于运动物体的诠释，之后动画师将这样的理论以跟随动作或重叠动作来称呼，我们可以用另一种更科学的方式来描述这个原理，就是"动者恒动"。

- 渐快与渐慢：所有物体自静止开始动作，是渐快的加速运动，从运动状态到静止状态，则是呈渐慢的减速运动。
- 弧形运动轨迹：凡是会动的生物，其组成的任何部分之运动轨迹皆为平滑的弧形曲线。
- 附属动作：当角色在进行主要动作时，附属于角色的一些配件，或是触须、尾巴等部分，会以附属动作来点缀主要动作的效果。
- 时间控制：一段动作发生所需的时间，这是掌握动画节奏的最基本观念。
- 夸张：利用挤压与伸展的效果、夸大的肢体动作或是以加快或放慢动作来加成角色的情绪及反应，这是动画有别于一般表演的重要元素。
- 纯熟的手绘技巧：这是在传统手绘动画领域里，对于动画师的基本要求，然而在计算机动画领域，手绘已不再是动画师的工作内容。
- 吸引力：当设计角色时，造型或独特的姿态能够让观众了解角色的属性，藉以此加深观众对于角色的印象，例如高、矮、胖、瘦可分别代表不同个性的角色。

2. 动画线条的要求

动画线条与一般绘画有所不同，它的线条应当做到：准、挺、匀、活、快。

准——复描形象时，必须与原来画面上的形象一样，准确无误。不能走形、跑线、漏线，线条必须明确，不能含糊不清。

挺——每根线条必须肯定、有力，不能中途弯曲、抖动，最好一笔到底，不能有虚线或双线。

匀——线条必须匀称，不能时粗时细，用笔要一致，以求整个画面线条的统一。

活——用笔要流畅圆滑，线条要有生气，要表达所画形态的神情和美感。

快——指速度，只有高速运行的线条才是真正顺畅的线条。

 岗位案例解析

4.4.1　基础表情动画绘制

使用软件：Flash。

绘制过程：

首先根据所学的知识设计表情，微笑的表情无非是眉毛上扬，眼睛几乎合闭成下弧形，嘴巴张开，露出牙齿，如图4-14所示。

其次绘制原画。原画是指每个角色动作的主要制作者按照剧情和导演的意图，画出的关键动作，如图4-15和图4-16所示。提供微笑的两个关键帧——先在软件里绘制角色的大概，随后描边细化。

图4-14　案例选自《昨日晴空》影片

图4-15　绘制原画（1）

图4-16　绘制原画（2）

　　然后绘制中间画：中间画是原画的助手和合作者，是原画关键动态之间的变化过程。按照原画规定的动作范围、张数及运动规律，画出中间画，也就是画出运动关键动态之间的渐变过程。

　　该动画使用一拍二的制作手法来绘制，选取两关键帧和中间帧进行绘制动画，以此类推，如图4-17和图4-18所示。

图4-17　中间画

图4-18　成果图

4.4.2　基础转头动画绘制

使用软件：Flash。

绘制过程：

动作是否漂亮，取决于流畅程度、运动规律、节奏的把握等多个因素。那么在绘制前就要知道这个动作涉及什么因素，什么细节。

● 若要绘制人转头的一瞬间，要考虑到其中涉及哪些运动规律。

● 角色是长头发，转身的时候头发会受到惯性的作用而飘动。

使用逐帧的制作手法来做。在制作之前，最好先绘制出角色的动作草图，确认以后再开始绘制正式稿。如果直接开始绘制正式稿，一旦绘制完了发现有问题，那改动幅度将会非常大，基本上等同于重新制作。因此，前期的动作草图是必备过程。

动作草图不需要绘制得非常精细，只需要把角色大致地勾勒出来即可。这个动作依然是使用一拍二的制作手法来绘制。

根据动作草图，绘制的正稿如图4-19所示。

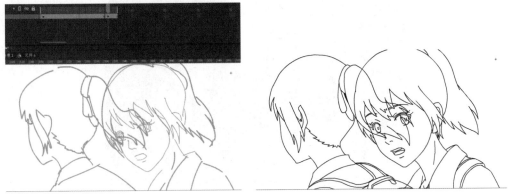

图4-19　正稿

　　同样与"绘制眨眼笑动画"的中间画一样。选取两关键帧并选取中间帧进行绘制动画。

　　成果图如图4-20所示。

图4-20　成果图

4.4.3　进阶转头动画绘制

参考视频

　　本案例选自施阳作品——小男孩转头。

　　使用软件：MOHO。

　　制作方案：

　　首先，MOHO不是三维软件，它并不是制作一个角色的立体模型，并让它转面。而是用节点图形的"轮廓形状"和"遮挡关系"制造角色转面的"假象"，如图4-21所示。

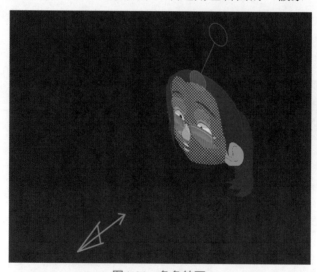

图4-21　角色转面

比如正面角度的眼睛，在角色转到侧面的时候，会消失在脸部的边缘。所以会使用节点模型重现这一现象，让眼睛的节点模型紧贴边缘线，把它的颜色层级调到其他颜色的下面，然后并帧跳入到其他图形后面，如图4-22所示。

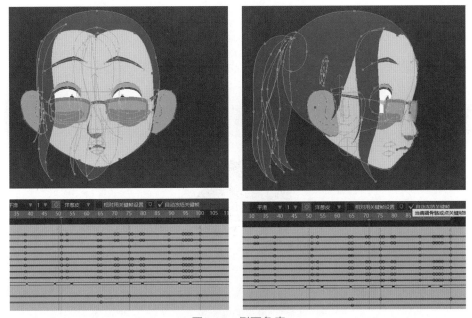

图4-22　侧面角度

角色脸部的其他部分按照它们出现和消失的顺序重复这个过程，角色的转面动画就完成了，如图4-23所示。

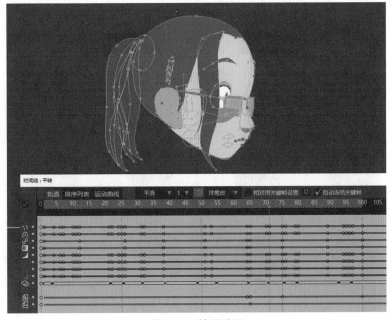

图4-23　转面动画

角色转头的动画有100帧的长度，使用最古老的"并帧跳出"的方法。

4.5 实操考核项目

本章项目素材可扫描图书封底二维码下载。

1. 项目一

（1）制作要求

①设计舞台大小为1280×720像素；

②根据提供的形象（如图4-24所示），完成不少于3个表情的设计；

③文件名命名为"表情"。

图4-24　项目一素材

（2）参考答案

如图4-25所示。

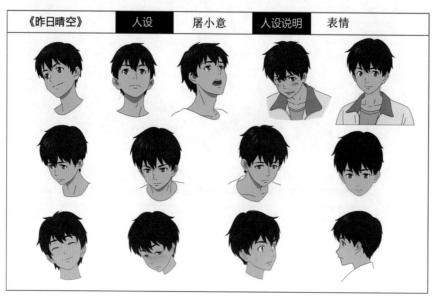

图4-25　参考答案

（案例选自《昨日晴空》影片）

2. 项目二

（1）制作要求

①设计舞台大小为1280×720像素；

②动画共设计1个图层，名称为"口型"；

③根据提供的两个关键帧（如图4-26所示）进行补充，完成"开口"的动画；

④输出格式为MP4。

图4-26　项目二素材

（2）参考答案

如图4-27所示。

图4-27　参考答案

（案例选自《昨日晴空》影片）

3. 项目三

（1）制作要求

①设计舞台大小为1280×720像素；

②动画共设计1个图层，名称为"表情"；

③根据提供的两个关键帧（如图4-28所示）进行补充，完成"眨眼"和"口型"表情的动画；

④输出格式为MP4。

图4-28　项目三素材

（2）参考答案

如图4-29所示。

图4-29　参考答案

（案例选自《昨日晴空》影片）

4. 项目四

（1）制作要求

①设计舞台大小为1280×720像素；

②动画共设计1个图层，名称为"看表"；

③根据提供的两个关键帧（如图4-30所示）进行补充，完成"看表"的动画；

④输出格式为MP4。

图4-30　项目四素材

（2）参考答案

如图4-31所示。

图4-31　参考答案

（案例选自《昨日晴空》影片）

5. 评分细则

总分100分。

（1）软件操作：软件按照要求操作准确（10分）。

（2）线条表现：用笔流畅，线条明确，表达出的画神情和美感（20分）。

（3）人体结构：遵循人体结构比例，拥有一定的空间构成能力（30分）。

（4）画面风格：构图简洁、完整，配色统一协调（10分）。

（5）动画技巧：动画运动规律准确、动画自然流畅，不卡顿（30分）。

第5章
三维制作

培养目标

要求掌握三维制作的规范标准和操作技能，具备一定空间、造型设计能力，至少掌握一款综合性三维制作软件的基本操作。能够在一定的辅助下，合理完成项目中简单的道具、场景、角色，以及商业项目中各类常规三维模型、材质贴图、灯光渲染、动画等模块的设计与制作，为将来进一步深造，并从事三维建模或贴图制作等工作打下基础。

就业面向

主要面向影视、动画、游戏、VR交互、广告、栏目包装、产品设计等领域，从事简单的模型、贴图、材质、灯光、渲染等局部工作。

5.1 岗位描述

本节包括了岗位定位、岗位特点以及工作重点和难点。

5.1.1 岗位定位

该模块对应的岗位主要为3D模型助理、材质贴图助理、灯光渲染助理、动画助理、特效助理等。

该岗位的工作人员主要工作内容如下：

● 根据企业技术流程选择相应的软件工具，根据设计定稿（如原画、三视图等），独立制作较为规范的模型、材质、贴图，以及灯光、环境、动画、特效等。比如配合游戏关卡设计师制作游戏道具，影视节目包装中设计制作三维LOGO等素材，三维动画中制作场景或者简单路径动画等。

- 根据项目品质和风格，协助3D模型师等三维制作岗位搜集相关美术资料，辅助其工作。
- 具备一定的素质基础，能自主学习，持续进步。初级阶段作为行业入门，需要持续训练及具备良好的造型能力、色彩能力，并学习掌握流程中多种软件与技术。
- 可以在各类视频制作领域制作简单的三维动画，如在短视频制作中辅助制作更多的视觉效果。

初级部分作为3D模型师等三维制作岗位的入门基础，学生需具备基本的观察能力、造型能力，以及一定的软件操作技能，掌握三维制作的基础知识和方法，了解基本制作流程，可以独立制作简单、完整，且较为规范的三维模型，以及独立完成基本灯光、环境、动画等设置，并渲染输出项目需要的文件。

此岗位主要为后续进一步的学习提供基本的知识和技能储备，为将来成为职业建模师等专业人士做准备，为后期中高端项目制作奠定基础。

需要了解职场基本守则与行为规范，了解公司的规章制度。

5.1.2　岗位特点

初级能力的岗位人才，重点要熟悉和掌握三维制作项目的标准化流程和规范性操作，在此基础上掌握简单的三维元素内容的制作，为三维模型师等岗位提供相关配套文件，同时具备继续学习与深造的基本素质。工作上侧重于学习与提高。

该岗位有以下几个特点：

- 与中高级三维制作岗位相比，初级岗位的工作是基础性的工作。比如模型复杂程度较低，少有写实类角色；较少使用高级灯光与渲染器等。
- 三维制作的技术性较强，需要接触多款制作软件，掌握多项技能。配合多种专类软件，更高效地完成工作。初级岗位主要使用3Ds Max或Maya等综合性三维制作软件，但亦可能在模型与贴图绘制等阶段使用专类软件辅助，比如ZBrush、Substance Painter等。
- 需要在工作与生活中大量观察，充分积累，在工作中实践，提高造型能力和美术素养。初级阶段制作的模型，结构和质感相对简单；而中级和高级的制作中，需要完成高精度的雕刻、合理优化的模型布线、细腻的材质表现等。为了做到这些，初级学习者须在完成自身工作的同时，自觉进行大量知识与能力上的积累和储备，如养成良好的观察分析习惯，提高美术基础能力，为成为中级和高级的专业制作人员打下基础。

5.1.3 工作重点和难点

● 该部分的重点之一在于观察能力与造型能力的培养。

观察能力是美术基本能力之一。在三维制作的很多关键环节中，观察是必不可少的前提步骤。拿到原画时，首先需要观察与分析原画，得出制作思路；建模时，不同材料的模型，或模型的不同部位，其高光与阴影的形态各异，从而体现出各自的用途与质感。这些差异来源自日常生活规律，单凭想象将忽略大量细节。善于观察才能在软件中将许多微小变化差异表现出来，得到更为真实可信的效果。初级学习者首先须养成良好的观察、分析习惯，以准确、敏锐的观察为前提，才能在之后进行充分和扎实的艺术造型表现。

造型能力是最为重要的美术基础。其能力强弱将影响建模的速度及质量。首先，造型能力强者，对模型的感受与认识更为迅速和准确，从而可以提高建模效率；其次，初级阶段虽然只制作简单模型，对造型能力的要求可能并不十分明显，然而越往高级发展，造型能力越将成为最关键和核心的能力要求；其培养需要持之以恒，甚至终生的训练。因此从初级阶段开始，造型能力的培养将作为重点之一。

● 重点之二在于多边形建模技术。

多边形建模技术是三维建模工作者最为基础和必备的技能之一。在三维制作的初级阶段，需要重点掌握多边形建模的流程、操作与方法、常用工具以及基本规范。多边形建模构建模型的思路非常直观和感性，更是契合了传统美术训练和工作时的造型思路，加上其强大的表现力，多边形建模技术在以美术造型为重点的领域得到广泛应用，如影视、动画、游戏等以视觉效果为主导的行业，所以多边形建模技术是初级阶段需要着重训练的部分。此外，在后续的中级与高级阶段，即便不使用多边形建模，但会时常需要对模型进行修改和整理，而我们通常会使用多边形建模工具，利用其灵活的操作特性进行加工处理。因此，多边形建模技术同时也是一种基本的模型处理手段。

● 难点之一在于布线规范。

多边形建模要求根据模型结构进行合理布线，学生须准确找到模型的结构线。模型不仅要求形体准确，结构和布线的规范亦会花费初学者大量心血。

● 难点之二在于灵活有效运用多项相关技术。

如3Ds Max或Maya类综合性三维软件中基本菜单和命令达上万个，可调参数众多，涉及建模、材质、UV、贴图、灯光、渲染等多方面知识。此外，三维制作的软件工具众多，在实际制作开发过程中，流程中的不同步骤通常使用不同软件，包含多项技术，解决问题的手段和方式也更加丰富。对于刚刚接触三维制作的初级阶段的学习者来说，他们将在此阶段初步接触多种专用软件，如ZBrush、Substance Painter、UVLayout等，并需要在多种制作软件、解决方案以及成千上万的命令中，根据教师梳理的项目流程及需求，合理总结出常用的功能和命令，通过迭代的训练加以巩固和灵活运用。对于重点功能命令与横向学习之间的取舍，对教材的提炼总结能力，以及学生的学习方式和能力，都是考验。

 5.2 知识结构与岗位技能

三维制作所需的专业知识与职业技能如表5-1所示。

表5-1 专业知识与职业技能（初级）

岗位细分	理论支撑	技术支撑	岗位上游	岗位下游
三维模型助理，材质贴图助理，灯光渲染助理，动画助理，特效助理等	1.基本图形图像理论 2.三维制作相关概念	1.基本造型能力 2.图像处理技术（Photoshop） 3.多边形建模技术（3Ds Max或者Maya等） 4.雕刻技术（ZBrush或者3D Coat等） 5.材质与贴图技术（Substance Painter或者Marmoset Toolbag等） 6.基础灯光与渲染技术（3Ds Max或者Maya等） 7.基础动画技术（3Ds Max或者Maya等） （4、5在初级阶段辅助建模与贴图绘制，需了解流程涉及的相关技术功能）	概念设计	角色动画 引擎动画

5.2.1 知识结构

成为三维制作的初级人才，需要具备一定的知识储备与技术能力。

学习者在学习三维制作知识与技术之前，需要完成一些先前课程的学习，掌握计算机基本操作，了解基本的图形图像知识。

先前课程如下：

- 计算机文化基础：计算机应用的基本知识及操作技巧是必备的基础。
- 数字图像处理：了解图形图像基本概念，如图像格式、色彩模式与色彩管理、像素与分辨率、图层、蒙版等；学习并掌握主流图像处理软件Photoshop的操作，包括图像调整、图层操作、二维绘制、矢量制作等。
- 造型基础（素描、色彩相关的造型训练基础课）：需要具备一定的空间想象能力，能从原画、概念设计稿、三视图甚至照片中推断出对象的结构，能够观察、分析对象的结构、面与面的位置、转折关系等。

此阶段的学习中，需要掌握三维制作相关概念及术语，如坐标系、多边形、放样、贴图、渲染、关键帧动画等，知识结构如图5-1所示。

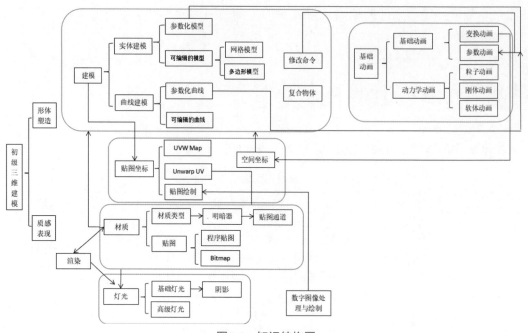

图5-1　知识结构图

5.2.2　岗位技能

在游戏、影视、动画、VR交互等不同行业领域中，三维制作的岗位要求和岗位技能有所差别。根据项目的风格、特性和技术表现需求，不同团队亦可能采用特定的软件进行制作。比如国内影视与动画行业比较认可Maya；游戏、工业设计、建筑设计等使用3Ds Max居多；写实类项目，使用Substance Painter制作贴图；而手绘风格的项目，则可能使用BodyPaint或其他专类软件来绘制贴图。

在初级阶段，需主要掌握一款主流的综合性三维制作软件。其软件技能要求有：

● 至少熟悉一款主流的综合性三维制作软件，如3Ds Max、Maya等；掌握软件的基本操作，包括视图操作、显示设置、物体的变换操作、常用工具等；掌握几种常用的建模方法，包括曲线建模、多边形建模，以及常用的修改命令；能较为规范地进行UV展开和贴图绘制；掌握材质制作技术，基础灯光与渲染技术；掌握基础动画以及粒子动画制作。

● 掌握主流图像处理软件Photoshop。掌握图形图像处理方法，包括基本操作、图像调整、图层操作、二维绘制、矢量制作等；能用其绘制和处理三维模型的贴图。

● 此阶段需学习ZBrush、Substance Painter等针对雕刻或贴图等特定模块的专用软件，掌握流程中相应部分的功能，辅助建模与贴图绘制。

标准化制作细则

三维制作包含三维模型搭建、材质设置、UV展开、贴图制作、渲染输出等环节。目前主流三维模型分为两大类：曲面模型（NURBS）与多边形模型（Polygon）。两者的关联类似于二维图像中的矢量图与位图。

曲面模型使用数学公式来计算模型表面，用曲线和曲面表现造型，擅长制作曲面光滑、精确性强的工业模型，适合产品设计、生产和制造领域。曲面建模的优势是文件较小，数据易于在不同程序之间读取和理解，不会担心网格损坏的风险；缺点则是不擅长制作过于复杂的曲面以及细节，不擅长处理硬边，无法直接制作变形动画等。

多边形模型通过编辑子对象，如点、线、多边形等实现建模，其中的曲线和曲面是由小段的直线进行组合和模拟，擅长对细节丰富的生物角色或复杂场景动画建模，因而适合影视与游戏领域。多边形建模的优势在于，拥有大量的编辑修改工具，对网格的构建更加容易和灵活；创建复杂表面时，多边形建模在细节处可以任意加线，易于操作和更改。缺点在于无法用于精确规范的工业化生产；与NURBS的固定UV相比，多边形的UV不固定，需要手动编辑；无法做出完美平滑的曲线。

两种制作方式和思路可以结合，比如，使用曲面创建大型，搭建基本网格结构，再使用多边形工具进行加工细化。

5.3.1　曲面模型制作

曲面模型制作过程大体可以描述为由曲线组成曲面，再由曲面组成立体模型。其思路为，先创建曲线，曲线上由控制点控制曲率、方向、长短等，再通过曲线构造方法生成主要或大面积曲面，然后通过曲面的过渡和连接、光顺处理、曲面编辑等方法完成整体造型。

具体创建过程如下：

（1）创建曲线。可以通过创建控制顶点创建曲线；亦可以通过抽取或使用模型上已有的特征边缘线。根据创建的曲线，利用过曲线、直纹、过曲线网格、扫掠等工具，生成模型主体的或者大面积的曲面。

（2）利用桥接面、二次截面、软倒圆、N边曲面等命令，对曲面进行过渡接连；利用裁剪分割等命令编辑调整曲面；使用光顺命令来改善模型质量。最终得到完整的产品初级模型。

（3）将模型导入渲染软件，添加材质、灯光、环境等，渲染得出最终效果图。

工业制造对精度的要求非常高，曲面建模保证了较高的精度，因而被广泛应用于工业生产。从大型的波音飞机、火箭发动机、汽车，到化妆品包装设计，曲面建模都成为主流的建模方式。从事相关领域建模工作，需要掌握曲面建模的主流工具，如Alias、

SolidWorks、CATIA、Rhino等。而以视觉效果为目的的美术工作者，如影视、动画、游戏等领域，则不需要掌握专业的工业制造软件，只需了解常用软件的简单曲面建模方法即可，如编辑面片、放样等。3Ds Max、C4D等综合型三维制作平台，亦提供了较完备的曲面建模工具。

5.3.2　多边形模型制作

多边形模型制作是目前用途最广的三维制作方法之一。

"多边形"通常是由三边乃至多边组成的N-gon。用户通过对多边形上的点、线、面的排列和修改从而创建出复杂模型。该制作思路与人类观察认识事物形体的方式，以及美术训练有异曲同工之处。

人们在理解形体时，本能地将复杂形体简化为简单几何体。比如将头部抽象为球体，不同脸型对应的球体大型有所区别，因而有了鹅蛋脸、鸭蛋脸、鸡蛋脸等。这是一种直观和感性的思维方法，来自大脑与生俱来的抽象能力，如图5-2所示。

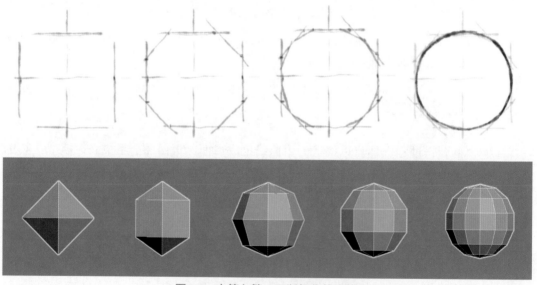

图5-2　由简入繁，不断细化的球体

美术初学者在学习中通常会进行结构素描训练。比如在绘制石膏人像之前进行切面石膏像的绘制。分面石膏像由块面组成，将小的凹凸变化概括成平面，面与面之间有明显的棱角，没有平滑过渡。绘制时，从大的面块开始，逐渐细化出小的面块。过程中形体逐步"圆润"。其训练意义在于认识物体的支撑框架，培养结构意识和概括能力，如图5-3所示。

图5-3　切面石膏像

多边形模型的制作思路亦是类似。概念设计稿和原画可能具有相当复杂的形体轮廓，模型师需先从其中观察、分析并理解物体的框架结构，从整体的大型结构开始搭建，分割出局部的中型结构，再到细节的小结构，如同绘制分面石膏像，先化繁为简，再由简入繁，按部就班深入刻画。

与复合物体建模、曲面建模等制作方式相比，多边形建模由简入繁的制作思路易于理解与操作，灵活性和可控性较强，可以任意调节点、线、面的位置，方便控制网格密度与模型精度。比起在二维平面上塑造形体，用户可以在三个视图中比对操作，直观地调整面的位置和角度。只要具备一定的空间想象能力和形体概括能力，就可以将模型搭建出来。有人说万物皆可"poly"（多边形建模），多边形建模将实体概括成结构化网格，几乎可以无所不能地描述世间万物，其表现力之强之广，使其成为最为主流的制作技术之一，广泛应用于影视、动画、游戏等需要良好视觉效果和体验的领域。

1. 多边形模型的分类

多边形模型的分类可以根据多种方式来划分，以下将从模型精度、视觉风格、制作对象三种分类方式来逐一分析。

1）模型精度

依据模型面数多少，可将三维模型分为高精度模型（高模）与低精度模型（低模）两类。两者的应用领域主要取决于渲染方式。高模应用于离线渲染。高模具备较高的面数与精度，表面凹凸及光影均由真实制作而来。影视模型要求做到一定程度的"事无巨细"，保证贴图和灯光的真实性，所以常使用高模。低模一般用于实时渲染，使用一系列贴图技术弥补模型与光影细节的不足。游戏、VR等实时渲染领域，为了实现和用户的交互操作，通常使用低模，并在贴图制作上进行细致加工，以实现交互操作和演示。虚拟现实中的图像使用两台摄像机同时实时渲染，以仿照人类视觉工作原理，渲染压力对模型面数的限制更为严格，高模与低模效果如图5-4所示。

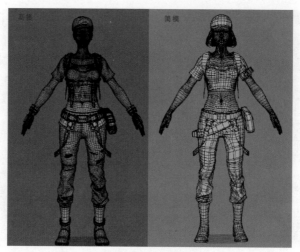

图5-4　高模与低模

随着硬件性能的提高，低模和高模的面数限制也会相应上涨。

2）视觉风格

有着"第八艺术"及"第九艺术"的称号，影视与游戏中的模型造型风格较为艺术化、个性化、多样化。模型的艺术风格视项目的视觉风格而定，或写实，或卡通Q版，或二次元，又或混搭风格，等等。无论采用哪种风格，项目都将依据角色原画或场景原画的设定进行制作，如图5-5所示。

图5-5　不同视觉风格的三维作品

（以上作品分别来自优塔数码动画有限公司、杭州天雷动画有限公司与广州蓝弧动画传媒有限公司）

（3）制作对象

三维制作对象包括角色、道具与场景等。角色一般为生物，多为不规则模型，有较为复杂和细腻的曲面结构，如面部、手部等。道具与场景，包括自然场景，如树木、海洋、沙漠等，以及人工场景，如建筑、室内、街道等，它们可能是较柔软的布料，也有枪、刀剑等武器，船、车或石头等硬表面物体。根据制作对象的不同，三维建模师通常会分为角色建模师与场景模型师。

2. 多边形模型制作的传统流程

不同应用领域的制作流程有相当大的区别。不同风格、项目的制作重点和流程亦有差异。在初级阶段，学习者需掌握通用的多边形模型制作流程和方法。

1）模型搭建

从创建基础几何体开始，转换为可编辑多边形，使用多边形工具进行点、线、面的编辑，通过挤压、倒角、切角、连接、雕刻刀等工具和命令，将模型大型搭建出来。通过不断加线等操作，提升模型精度，细化出中型结构和小结构，直至完成模型。

2）UV展开

模型在三维空间中具有空间位置坐标，即使用XYZ三个轴向的数值，定义模型或顶点、面等元素在空间中的位置。而贴图作为二维图像，要在三维模型表面显示，也需要定义图片中每个像素在模型上的位置，即UVW坐标。因此，要在三维模型表面正确贴上一张外部贴图，需先将模型"裁剪"开来，再摊平为一张"二维图像"，使三维模型上的顶点与该二维图像一一对应，贴图上的像素颜色即可精确映射到模型表面。

3）贴图绘制

将展开的UV作为对照，于Photoshop等图像处理软件中绘制贴图，再将贴图导入材质编辑器相应的贴图通道中。影视CG行业以离线渲染为主，许多效果如凹凸、环境遮挡等，均为真实光线计算和渲染的结果；而游戏、VR等行业以实时渲染为主，极大地依赖贴图来建立场景的细节与真实感。实时渲染限制了电脑技术的发挥，因此与影视行业相比，游戏行业要求制作人把更多的精力都投入到对贴图自身的处理上，制作贴图的时候能根据具体情况的需要找到有创造性的解决方法来进行补偿，以尽可能少地避免失真。[①]

4）材质、灯光与渲染

为模型设置材质，包括漫反射颜色（diffuse）、高光强度与范围（specular、glossiness）、凹凸（bump）、反射（reflection）等。材质的调节通常配合灯光与渲染设置，三者共同表现模型的质感。

5）动画制作

根据项目需要，为模型或摄影机、灯光等物体设置、编辑关键帧动画，包括变换动画（位移、旋转与缩放），或者参数动画（自身属性以及修改命令参数），也可能制作

---

① 　《高级游戏美术设计》，龙奇数位艺术工作室。

粒子特效或及动力学动画。

传统多边形建模流程的优势是步骤较为简单，一个软件即可制作完整的三维模型。缺点是缺陷和限制亦较多，比如面数限制，无法制作过于细致的模型；雕刻工具较少，难以应对细致的雕刻；贴图绘制无法实时看到效果，降低了制作效率；默认灯光与渲染器的限制则更为明显。

3. 实例

以下以一个简单的道具模型为范例，分解传统多边形模型的制作流程，道具模型如图5-6所示。

图5-6　道具模型

1）分析结构

分析参考图，观察模型对象结构，确定制作方案。在开始搭建模型之前，做到胸有成竹。

该道具可分为四组部件：

● 盾牌主体，先由曲线倒角，再由多边形工具修改而成；

● 盾牌中部图案，制作方法同上；

● 包边部分，可从盾牌主体的线与多边形面中挤出；

● 宝石装饰，结构简单，可由长方体和多边形等简单物体，通过倒角、多边形工具加工即可。

2）模型搭建

使用Line绘制盾牌形状。降低曲线差值为2，减少曲线分段数，取消自动优化。

为曲线添加倒角，设置三层倒角数值，使其具备盾牌主体的基本形状。

将模型转换为可编辑多边形，对前后的多边形面进行处理，在多边形级别下，选择多边面，使用插入工具（insert），将插入的面塌陷（collapse），完成盾牌大型，如图5-7和图5-8所示。

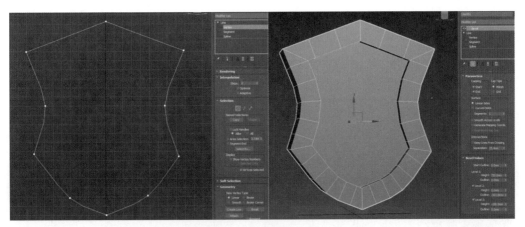

图5-7　模型搭建（1）

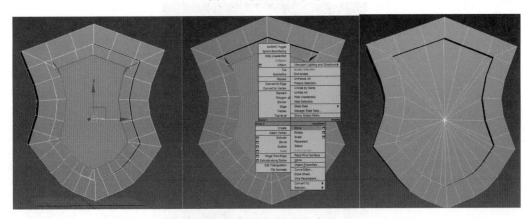

图5-8　模型搭建（2）

该道具为对称模型，将一侧顶点删除，添加对称命令（semmtry）。

使用切线工具（cut）与连接工具（connect）将顶部结构制作出来，如图5-9所示。

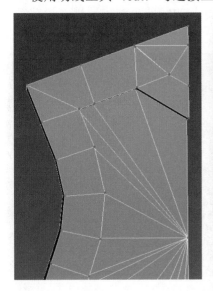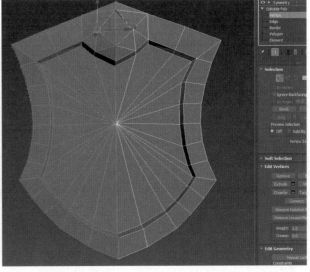

图5-9　制作顶部结构

制作宝石小部件：绘制多边形（N-Gon），添加倒角，转换为可编辑多边形，塌陷多边面，如图5-10所示。

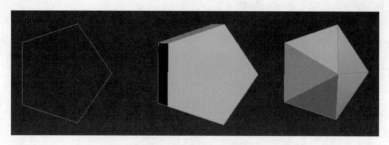

图5-10　宝石小部件

盾牌主体模型完成，如图5-11所示。

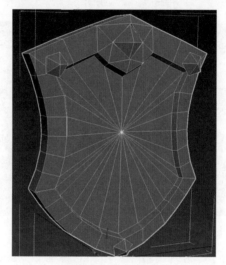

图5-11　主体模型

制作包边：从盾牌主体上选择边，提取曲线，打开曲线的可渲染属性，调节其参数，并将步幅值设为0，如图5-12所示。

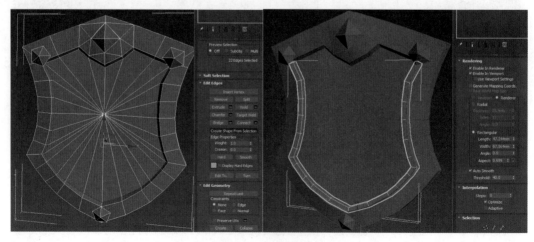

图5-12　制作包边

选择合适的面，分离并克隆，将曲线合并为可编辑多边形，调整其结构与布线，如图5-13所示。

图5-13　分离并克隆

将部件一一搭建，完成整个模型，如图5-14所示。

图5-14　完成模型

3）UV展开

由于模型是对称物体，可以先展开一侧UV，使用快速剥皮（quick peel）等工具进行切分和展开，如图5-15所示。

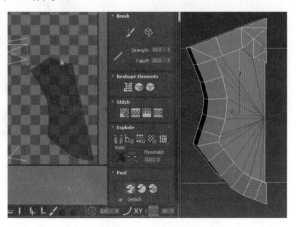

图5-15　一侧UV

将所有模型的UV一一展开，尽量保证棋盘格都为正方形，贴图不会出现较大的拉伸变形。尽量将UV铺满整个象限，节约贴图资源。

将模型镜像复制，将对称的UV移至第一象限外，完成UV展开工作，如图5-16所示。

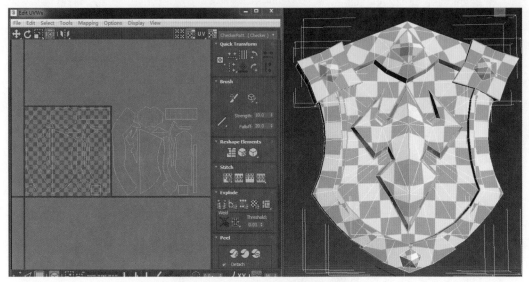

图5-16　完成UV展开

渲染UV，为贴图绘制做好准备，如图5-17所示。

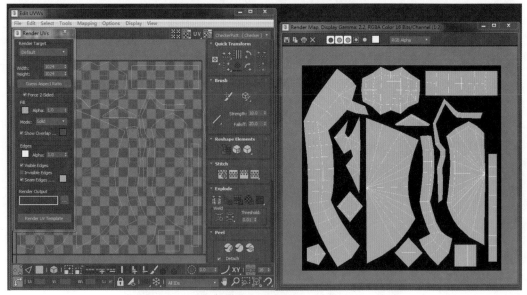

图5-17　渲染UV

4）贴图制作

在UV的基础上，绘制贴图。接缝处添加脏迹，使细节变化更丰富，如图5-18所示。

图5-18　绘制贴图

5）材质设置

将贴图添加在漫反射（diffuse）位置，如图5-19所示。

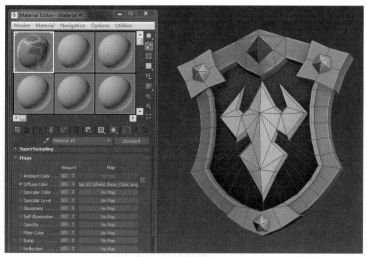

图5-19　材质设置

6）灯光与渲染

添加灯光与阴影。为了获得更好的光影效果，可以使用高级照明，配合天光。渲染设置合适的图像尺寸，如图5-20所示。

图5-20　灯光与渲染

以上为在3Ds Max中使用多边形模型制作简单道具的全部流程。实际项目流程中，不只运用单一软件，而是配合某些专用软件，得到更为良好的制作效果。有些情况下，3Ds Max这类综合型软件主要作为将各类三维素材和资源修改和整合的平台，进行模型与UV修正、拓扑、渲染等工作，而将最为关键的造型、贴图等工作交给更擅长的专用软件。

4. PBR流程

不同领域和风格的项目，使用流程各异。目前在影视与游戏领域最为广泛使用的渲染流程之一便是PBR流程。

PBR全名为Physically Based Rendering，即基于物理的渲染，是一种着色和渲染技术。传统的渲染方式更多地基于经验和美术，对材质的定义一般包括漫反射、折射程度、光泽度等（这些属性更多体现的是视觉效果，而非物理属性）；PBR流程则重新定义了材质的属性，更多地以物理属性（或接近物理的属性）取代传统材质属性。比如，以控制模型表面产生镜面反射的参数——粗糙度（roughness），更多地取代控制高光强度的光泽度（glossiness）。

PBR流程对比传统材质渲染技术，有其自身的优势。

传统的默认渲染方式是对真实材质和光照效果的模拟，并不符合现实世界中的物理规律。其渲染速度较快，但在真实感和渲染效率上有诸多缺陷。比如光照，默认渲染只计算直接照亮的部分，无间接照明，若要模拟间接照明，须布置大量灯光，大大降低了渲染速度。

高级渲染器具有强大的功能，既遵循物理规律，同时又可以打破物理规律，如跟踪光子路径，计算光线反弹、透射、散射等，得到非常真实的视觉效果，但其代价则是时间。离线渲染可以花费数小时、数天，甚至数周的时间来计算真实效果，渲染静帧或精度较高的影视动画时尚可胜任；而在游戏、VR等实时渲染的限制下，显然不可行。因此，实时渲染在过去很难表现高精度模型的细节，以及真实的阴影、反射等效果，直到PBR技术的出现。

PBR技术的优势可以简单理解为，实时渲染得到接近真实的效果；它没有光线跟踪，但以某些物理规律作为约束条件，比如能量守恒、菲涅尔反射（Fresnel）等，从而接近真正的物理效果；它限制了一些不符合现实物理规律的设置，比如粗糙度（roughness），用其表达物体的镜面反射和漫反射的比重，而非使用高光（specular）与漫反射（diffuse）两个单独控制的参数。

PBR流程的步骤包括：

（1）制作高模。一般会使用ZBrush软件进行雕刻，提高模型的面数与细节，从而提升整个模型的品质。低模由高模拓扑而成，如图5-21所示。

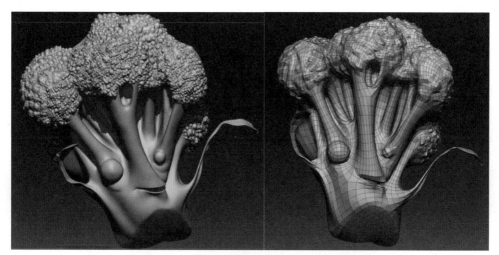

图5-21　将百万面的高模拓扑为5000面的低模

（2）对低模进行UV展开。

（3）烘焙法线贴图，将高模（减面输出）的细节信息在低模中表现出来，得到一张法线贴图。

（4）绘制贴图，一般使用Substance Painter得到一系列表现质感的贴图，如Basecolor、Metallic、Roughness、Height、AO等。

（5）根据渲染工具的不同，选择相应的贴图输出，并导入渲染引擎中进行渲染。

学习者在初级阶段可能无须使用PBR全部完整流程，需要学习使用ZBrush辅助建模、Substance Painter辅助绘制贴图。

5. 多边形模型制作规范

三维制作是动画制作项目流程中的环节之一。团队协作中，严格而完善的制作标准可以提高制作效率。因此，大型项目在开发流程和制作细节上有着严格要求，每项要求有固定的标准以及具体的执行方案。不同项目和公司的规范要求不尽相同，如每个公司有自己的检查表，其中涉及软件类型、版本、设备，以及单位尺寸、文件名称、造型、布线、面数、ID分配、材质、平滑组、坐标等大量检查项。[1]制作人员须严格执行，确保所有检查项目均合格，再移交给下游岗位。

以下列举了造型布线之结构、密度、五星与三角面，以及坐标位置、UV与贴图等方面最为基础和通用的制作标准。

● 造型布线——结构

多边形建模时，布线走向须符合对象的自身结构，如图5-22和图5-23所示。

---

[1] 《3Ds Max 游戏美术制作》，张宇。

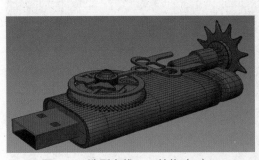

图5-22　造型布线——结构（1）

图5-23　造型布线——结构（2）

倒角的大小和段数依照公司项目要求规范，如图5-24所示。

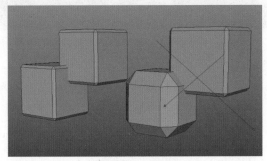

图5-24　倒角

- 造型布线——密度

模型布线的密度需要合理控制，保证模型面数在项目的要求范围内。

- 造型布线——五星与三角面

某些特殊的结构需要注意位置，比如五星。五星能实现面的转折结构，但它将打断环线结构，增加调整难度，亦会造成动画的终止，因此不能出现在重要的动画部位。

- 坐标位置

放置在地面的物体或站在地上的角色，其轴心点坐标应为地面处。模型须位于世界坐标原点位置，并确保自身坐标与世界坐标完全一致，如图5-25所示。

图5-25　坐标位置

● UV与贴图

UV尽量不要出现重叠，特别是脸、主体的服装等重要部位（无须烘焙渲染时，相同部位可以重叠），不可出现反向（除对称部分外），禁止明显拉伸，UV接缝不要在明显位置。

一般来说，一个模型包含了不只一张贴图，而是多张不同作用的贴图，分别贴在各自通道中，管理特定的材质或灯光属性，共同表现模型材质。

不同领域使用的渲染引擎不同，生成和计算方法有些微变化，贴图名称也会有区别，但大致都包含以下几类：表现固有色的diffuse、basecolor等；表现凹凸的normal、bump等；表现光泽度的glossiness、roughness等；表现反射强度与反射方式的reflection、specular、metallic等；表现光照强度的灯光、环境贴图等。

一般来说，贴图的长宽分辨率必须是2的次方的组合，例如2^7（128）、2^8（256）、2^9（512）、2^{10}（1024）、2^{11}（2048）、2^{12}（4096）等，同一项目与场景须注意保持视觉上精度的一致。

5.4　岗位案例解析

5.4.1　低模手绘场景：南瓜屋

《南瓜屋》来自3D实时游戏的一个案例展示，适合初学者学习，如图5-26所示。

图5-26　南瓜屋

模型的多边形数量不高，没有非常复杂的细节和造型，但也涵盖了3D游戏场景建设的整个流程，诸如3D建模、UV拆分、贴图绘制、灯光渲染、游戏引擎输出展示等技术要点，特别是在有限的多边形数量限制的前提下，如何合理分别模型的布线，从而达到最优化的造型效果，是这个案例的核心技术内容。同时南瓜屋的这个案例也手把手地教授了游戏贴图的制作方法，对贴图细节的特点进行准确表达是本案例的重要部分。

本案例选自Meshmellow School。Meshmellow School是一个全球数字资产B2B平台，专注于计算机图形图像领域，为产品和服装设计、影视特效、交互设计、游戏和其他领域提供数字图形解决方案。Meshmellow School的使命是研究图形科技与艺术的完美结合方式，为艺术家和科学家建立经验交流、变革探索、产品分享的云平台社区。

使用软件：3Ds Max、Substance Painter。

制作方案：原画中的南瓜屋由几个部分组成：南瓜、屋顶、时钟、外围栏杆、灯，在3Ds Max中使用多边形工具一一制作，注意保持低面数；在Substance Painter中绘制贴图，展现细节。

1. 南瓜主体制作

于世界坐标中心处创建球体。因为要对称制作，因此球体段数最好为4的倍数，此处设为12段，然后将球体转换为多边形，并调整大型。

创建圆柱体作为南瓜帽屋檐，段数同设为12，转换为多边形，如图5-27所示。

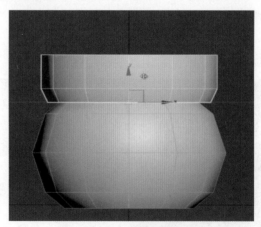

图5-27　创建屋檐

通过加线，修改其大小、位置将南瓜帽的外形作出来，如图5-28所示。

复制一层南瓜帽，制作上部的塔状结构，如图5-29所示。

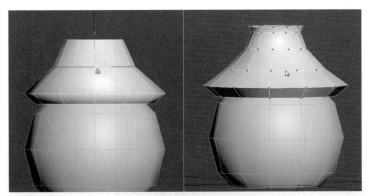

图5-28　制作外形

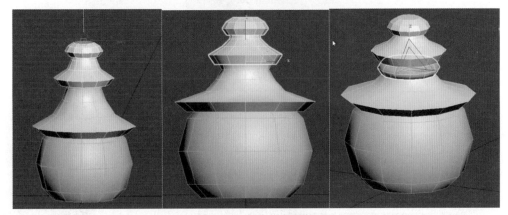

图5-29　制作塔状结构

2. 屋檐上的小蘑菇制作

使用曲线Line，绘制小蘑菇梗的路径，调整曲线形态。开启曲线的可渲染属性，调整半径，边数为8，如图5-30所示。

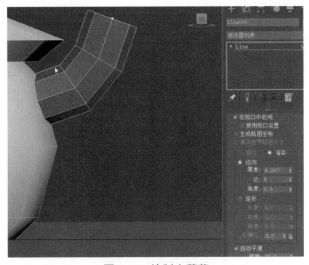

图5-30　绘制小蘑菇

复制南瓜帽塔顶，如图5-31所示。

图5-31　复制南瓜帽塔顶

复制小蘑菇，比对原画，调整两者的位置，如图5-32所示。

图5-32　调整位置

3. 时钟制作

根据原画制作时钟的表盘。创建圆柱，设为八棱柱。转换为多边形，并通过挤压倒角做出凹陷结构，如图5-33所示。

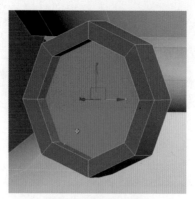

图5-33　凹陷结构

制作表盘上的小螺丝等配件。注意保持低面数，分别使用四棱柱与六棱柱，如图5-34所示。

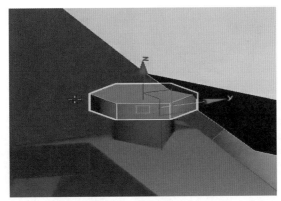

图5-34　制作配件

为了节省面数，将圆环被遮挡处删除，如图5-35所示。

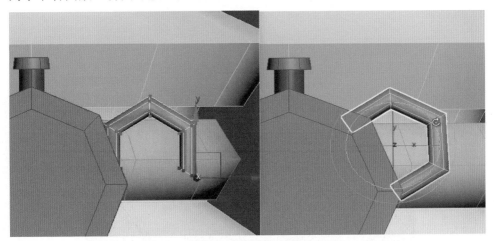

图5-35　删除遮挡处

制作指针。观察原画中形状，使用长方体转换为多边形，调整其形状，如图5-36所示。

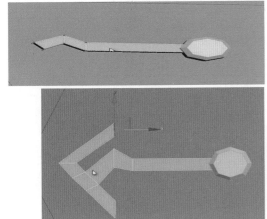
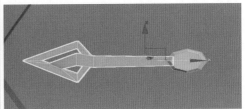

图5-36　调整形状

为了省面，将一切被遮挡部位的面全部删除，如图5-37和图5-38所示。

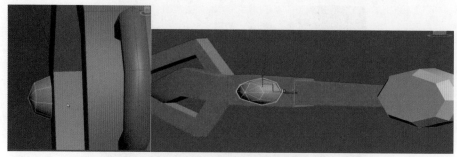

图5-37　删除遮挡部位（1）

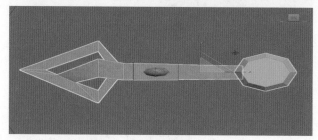

图5-38　删除遮挡部位（2）

依次将南瓜屋的其他部位完成，如图5-39所示。

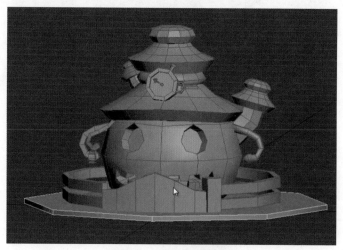

图5-39　完成其他部位

4. UV展开的准备

模型全部制作完毕后，UV展开之前，先对模型进行一些调整，节省面数的同时，为将来UV展开和贴图绘制省下很多力气。

对所有的顶面和底面进行处理。将其中很多被遮挡的面直接删除，某些面在建模时没有布线（如圆柱顶底两面没有分段数），对它们执行插入、塌陷等操作，重新布线所有对称模型，只保留需要对称的部分，如图5-40和图5-41所示。

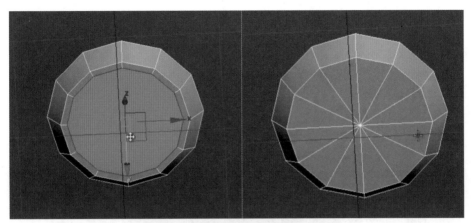

图5-40　UV展开前的模型处理（1）

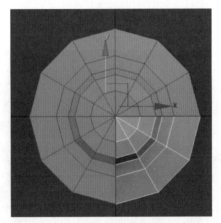

图5-41　UV展开前的模型处理（2）

从南瓜主体，到顶盖，到任何细小模型，都不能放过，如图5-42和图5-43所示。

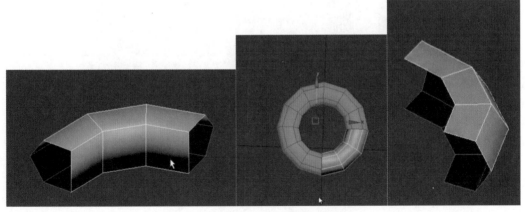

图5-42　UV展开前的模型处理（3）

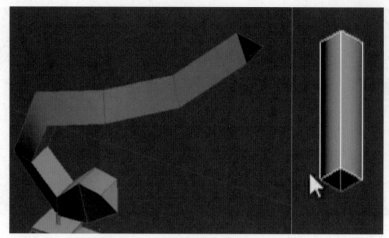

图5-43　UV展开前的模型处理（4）

最终得到如图5-44所示模型。

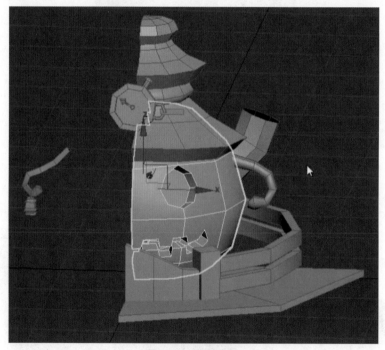

图5-44　模型成果

5. UV展开

给每个部位分别添加Unwrap UVW修改命令，逐个展开。再整体调节UV的大小与摆放位置。

先对南瓜主体模型进行UV展开。将南瓜的面进行一些切割，将外壁、内壁、南瓜底壳，以及眼睛部位，一一切开，使用快速剥皮命令（quick peel）展平，如图5-45、图5-46和图5-47所示。

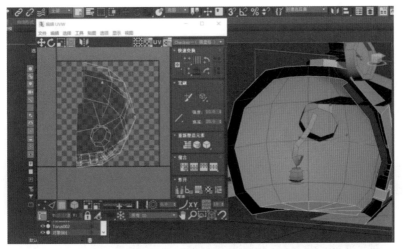

图5-45　主体UV展开（1）

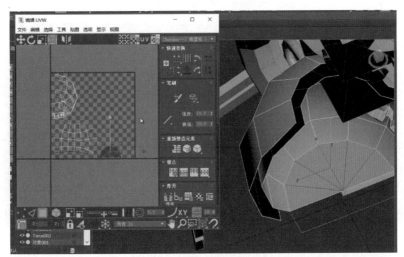

图5-46　主体UV展开（2）

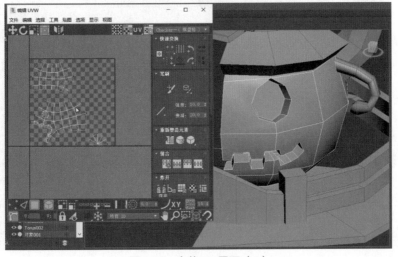

图5-47　主体UV展开（3）

　　将南瓜的附件进行展开，选择需要切开的部位，进入边级别，选中切开的边线，使用断开命令（break）将其打断，如图5-48、图5-49和图5-50所示。

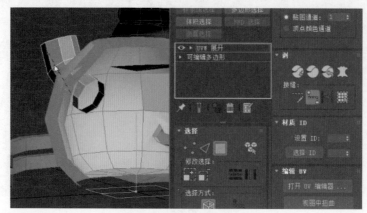

图5-48　展开附件（1）

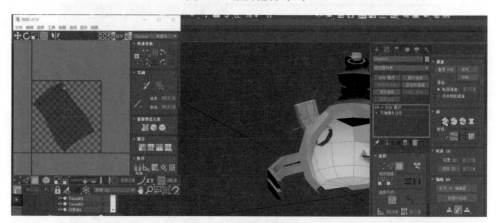

图5-49　展开附件（2）

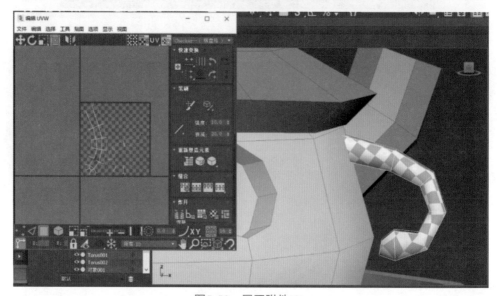

图5-50　展开附件(3)

某些部位在快速展平后还需进一步调整，比如将边手动打平，可选择一侧的顶点，进行水平方向和垂直方向的对齐，如图5-51所示。

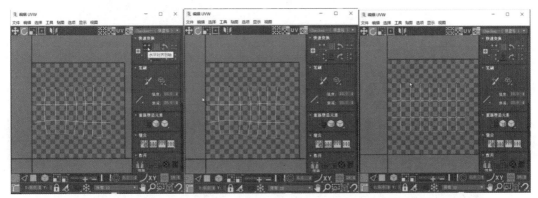

图5-51 对齐

将屋顶、时钟、栏杆，以及诸多细小物件一一耐心展开，如图5-52和图5-53所示。

图5-52 展开小物件（1）

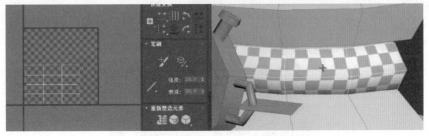

图5-53 展开小物件（2）

全部展开完毕后，如图5-54所示，将所有模型全选，再次添加Unwarp UVW，编辑器中得到以下情况：

选中所有面，快速剥皮后，UV将根据大小比例自动摆放。此时贴图空间浪费比较多，如图5-55所示。

为了最大限度地利用空间，须将UV放大一些，手动摆放它们的位置，如图5-56所示。

图5-54　全部展开

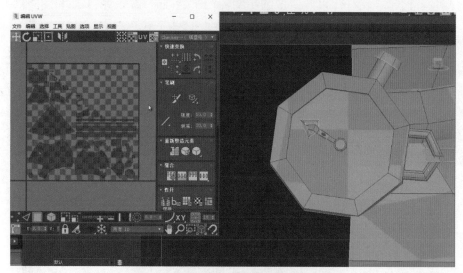

图5-55　自动摆放

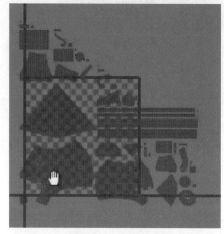

图5-56　手动摆放

将模型的正面——视觉重点的部位先挑选出来，仔细摆放它们的位置。太小的面稍微放大些，如图5-57、图5-58所示。

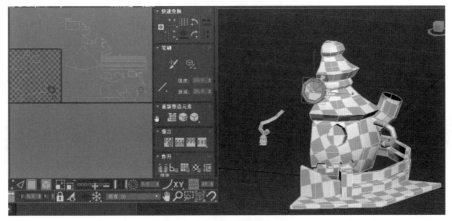

图5-57　手动摆放（1）

图5-58　手动摆放（2）

将其他相对不重要的部位缩小，插空摆放，如图5-59所示。

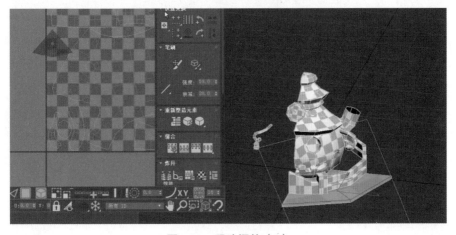

图5-59　手动摆放（3）

摆放完毕，如图5-60所示。

图5-60　摆放完毕

将模型镜像复制，还原完整模型，将复制模型的UV挪至第一象限之外，如图5-61和图5-62所示。

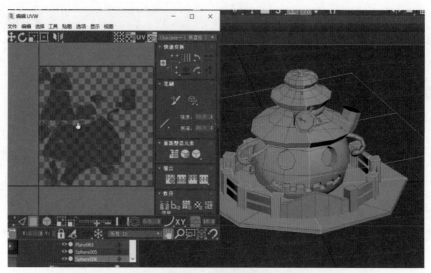

图5-61　镜像复制

图5-62　移动UV

　　将原模型与复制模型一一附加，合并成同一模型，进行顶点焊接、调整光滑组等操作。锁链等小附件可以使用透明度贴图来制作。

　　创建plane，同时摆放好UV，复制多个plane，调整它们的角度和位置，完成模型制作。所有plane将共用同一张贴图，因而在全部摆放完成后，将复制的小面片合并，并将其UV平移一个象限，如图5-63、图5-64所示。

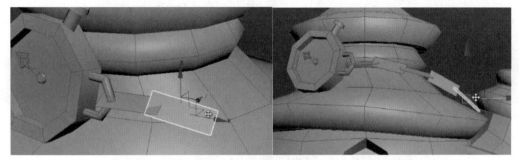

图5-63　创建plane（1）

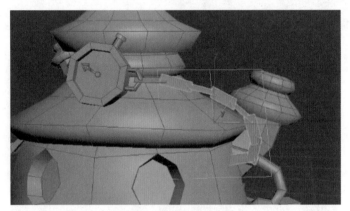

图5-64　创建plane（2）

　　至此，所有的模型和UV工作全部完成，如图5-65所示。

图5-65　完成UV

6. 导出与烘焙

将模型导出fbx文件，并导入Substance Painter制作贴图。

首先进行基础设置以及基础贴图的烘焙，如图5-66和图5-67所示。

图5-66 基础设置（1）

图5-67 基础设置（2）

因为是低模手绘，因此无须烘焙法线和AO贴图。

7. 贴图制作

赋予模型基础材质——Wood Beech Veined，如图5-68所示。

图5-68　赋予基础材质

使用填充工具，给围栏、南瓜等木头材质的物体填充该材质。为各个模型部件分别创建各自的文件夹，对照原画，调节不同的部位材质的基本颜色，将各部位的基础材质一一设置完成，如图5-69、图5-70、图5-71和图5-72所示。

图5-69　设置基础材质（1）

图5-70　设置基础材质（2）

图5-71　设置基础材质（3）

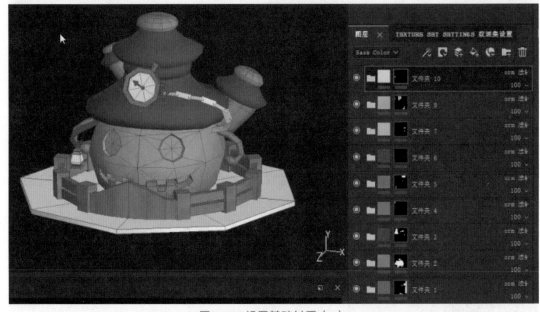

图5-72　设置基础材质（4）

　　细节绘制：对照原画，添加填充图层与蒙版，将铆钉、裂痕、图案等细节一一绘制，如图5-73和图5-74所示。

图5-73　细节绘制（1）

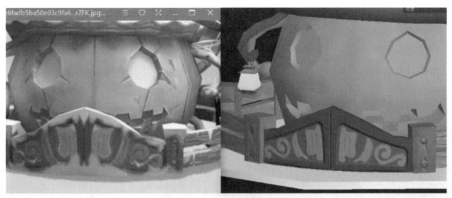

图5-74 细节绘制（2）

光影效果均由手绘完成。阴影和高亮等丰富的颜色变化，通过新建图层配合遮罩来实现，方便修改，如图5-75和图5-76所示。

图5-75 手绘光影效果（1）

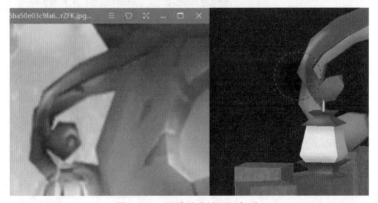

图5-76 手绘光影效果（2）

锁链使用透明材质，需要设置和修改图层的某些属性。

在着色器设置中修改其类型为带透明度的pbr-metal-rough-with-alpha-blending；纹理集设置中添加透明通道（Opacity），此时图层具备了可用的透明属性，如图5-77和图5-78所示。

图5-77　设置属性（1）

图5-78　设置属性（2）

　　使用映射工具，将制作好的单个锁链贴图拖动至basecolor中，将锁链的贴图刷在plane上，再将Opacity值设为0，将透明部位用笔刷工具刷出，如图5-79和图5-80所示。

图5-79　使用映射工具（1）

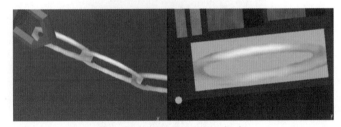

图5-80　使用映射工具（2）

——调整完毕后，调整整体颜色，直至满意为止。

8. 在SP中渲染

为了实现图5-81中的效果，需要在SP中进行渲染。

图5-81　渲染效果

适当修改采样数、时间、分辨率等参数，如图5-82所示。

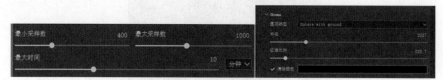

图5-82　修改参数

得到最终渲染图，如图5-83所示。

图5-83　最终渲染图

5.4.2　次时代角色建模：饥饿鲨鱼

本案例选自Meshmellow School的《饥饿鲨鱼技术分析教程》。

《饥饿鲨鱼》是参加第44届世界技能大赛（44th Worldskills）3D数字游戏艺术赛项的作品，取得了铜牌的好成绩。世界技能大赛被誉为青年技能比赛的奥林匹克，所有项目的技术标准和规范都与行业标准相一致。3D数字游戏艺术是世界技能大赛创意艺术与时尚竞赛类别中的一个项目，该项目技能包括美术概念设计、3D建模、UV拆分、贴图绘制、骨骼绑定、动画、灯光渲染、游戏引擎输出展示等。选拔赛以世界技能大赛标准作为比赛参考标准，考核参赛选手将所掌握的美学方面的色彩、比例、结构、造型等设计知识，结合视觉化的呈现制作，并融合职业素养中的注重细节、把握整体，熟练运用3D设计软件技术，在规定的时间期限中，完成具有特色鲜明、表达准确、技术指标符合规范的创意设计作品。

大赛的题目以一款名为饥饿鲨鱼的3D游戏作为制作背景，要求设计一条新的鲨鱼角色，并完成从建模、雕刻、PRB材质制作以及动画和引擎展示的全流程技术。《饥饿鲨鱼技术分析教程》是根据这届大赛的赛题，选取了该游戏的一条鲨鱼角色，并按照大赛技术标准进行的复盘和技术分解。

使用软件：ZBrush、3Ds Max、Substance Painter、Marmoset Toolbag。

制作方案：使用ZBrush雕刻出鲨鱼模型高模，自动拓扑后导入3Ds Max修整布线，得到鲨鱼低模，并将其UV展开。在八猴渲染器（Marmoset Toolbag）中烘焙法线贴图。将低模和法线贴图导入Substance Painter中绘制贴图并渲染输出。

1. 制作高模

对照原画，在数字雕刻软件ZBrush中雕刻大型，如图5-84和图5-85所示。

图5-84 雕刻大型（1）

图5-85 雕刻大型（2）

发现布线结构不足以支持继续雕刻时，可以使用ZRemesher进行二次布线，之后雕刻细节将会轻松许多，如图5-86所示。

图5-86 重新布线

大型没有问题后，将身体、鱼鳍等子物体合并为一个物体，如图5-87所示。

图5-87　合并物体

观察分组情况，可见此时的模型仍然包含多个元素，没有真正合并在一起，如图5-88所示。

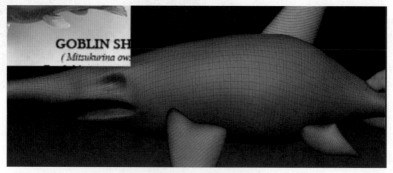

图5-88　分组情况

使用DynaMesh工具重新布线，并配合ZRemesher调整布线，得到一个能够接受的基础模型。重新布线后，模型面数控制在百万以内，如图5-89和图5-90所示。

图5-89　DynaMesh

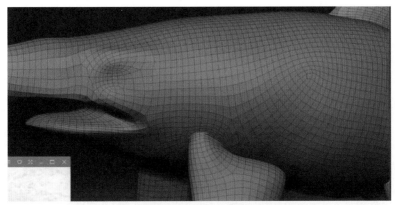

图5-90　ZRemesher

使用黏土笔刷（Claybuildup）塑形，使用收缩笔刷（pinch）进行卡线。反复调整大型，让鲨鱼的形象更生动，尽量还原原画。一一雕刻头部、身体肌肉、鱼鳍、鱼鳃的部位，雕刻时从多个角度观察，让模型更加丰满结实。

鱼鳍的起伏处可以使用蒙版辅助，如图5-91所示。

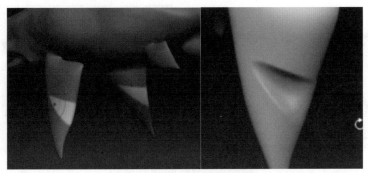

图5-91　蒙版辅助制作鱼鳍

增加细分级别，刻画细节部位。雕刻出锋利的眉骨；嘴唇可以使用蒙版，向外充气（inflate）；鱼鳍和鱼尾处的细节使用羽化的蒙版，得到柔和的过渡，如图5-92所示。

图5-92　刻画细节

将细分级别降低，再次调整模型大型，提升对原画的还原度。使用收缩笔刷（pinch）进行折边处理，用压平笔刷制作切面部分。

制作眼睛：使用压平工具做出上下眼睑，如图5-93所示。

图5-93 制作眼睛

注意整理线条，使它们更加流畅，从各个角度观察，尽可能还原原画。

牙齿使用圆锥体，复制多颗牙齿，调整变换位置，控制牙齿的间距，不要太近，否则不利于之后的烘焙。

上排牙齿制作完成后，复制出下排的牙齿，再对牙齿进行独立的操作和调整，如图5-94所示。

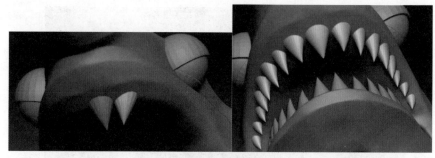

图5-94 制作牙齿

整体调节和雕刻：包括牙齿与牙龈的衔接、小细节、边缘（衔接处不要太生硬）、眼皮的形状（使眼睛更传神）、鱼鳍转折处肌肉和脂肪的堆积等。完成高模，如图5-95所示。

图5-95 整体调节

2. 制作低模

在ZBrush中通过ZRemesher工具自动布线，再导至3Ds Max中进行拓扑结构的调整和加工。

使用ZRemesher工具，得到一个符合游戏基本要求的低面数模型。

重新布线之前，将目标面数（Target polygon count）限制为1以内，此处值设为0.2左右。保证主干模型面数不要超过3000，即1500个顶点左右。

将高模低模导入3Ds Max中进行优化处理，尽量使得面呈现正方形。修改局部不合理布线，如鱼鳍根部，修改为利于动画制作、蒙皮的环线，保证其在将来制作动画时不会出现突兀的棱角，如图5-96所示。

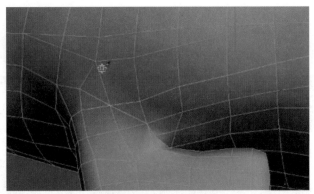

图5-96　优化处理

为了使低模的顶点更好地附着在高模之上，打开石墨工具箱，使用低模拓扑工具进行蒙皮。

将一些形状简单的模型进行手动拓扑，如眼球、牙齿等。

低模的表面最好略高于高模，高模露出的部分稍高，使得高模与低模体积大体相同。随后，高模身上的信息将通过法线贴图的方式，传递到低模身上，如图5-97所示。

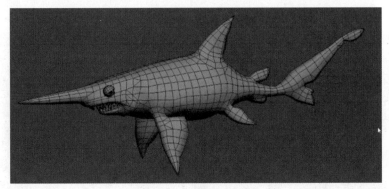

图5-97　低模包裹高模

3. UV展开

在3Ds Max中进行UV展开。

将鱼鳍部位单独裁剪下来。

注意：光滑组断开的地方，UV也一定断开。

眼睛球体展开，对半展开即可。半球一般不需要断开UV，除非有特殊要求，或者变形太严重。将正面绘制虹膜的UV放大，便于清晰的细节绘制。

4. 贴图绘制

贴图绘制在Substance Painter中完成。

将低模与八猴渲染器中烘焙得到的法线贴图导入Substance Painter。此时虽然是低模，但在法线贴图配合下，鲨鱼显示出较为丰富的高模细节。随后设置贴图大小，烘焙相关贴图，做好绘制贴图前的必要工作。

使用软件提供的预设好的皮肤材质，将颜色调整为需要的颜色。分层加蒙版，通过控制蒙版来控制该图层的显示，有利于新手把控颜色变化，如图5-98所示。

图5-98 使用蒙版控制颜色变化（1）

在蒙版上绘制，如图5-99所示。

图5-99 使用蒙版控制颜色变化（2）

进行眼睛虹膜绘制，可以使用alpha蒙版中一个合适的图案，绘制清晰的虹膜，如图5-100所示。

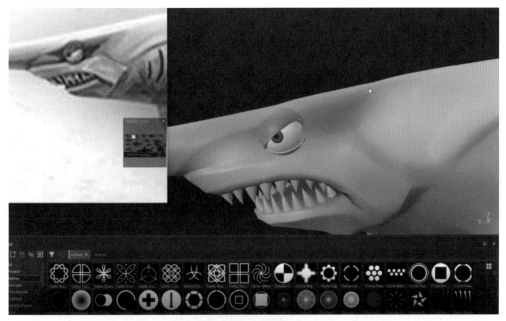

图5-100　绘制虹膜

渲染输出，完成饥饿鲨鱼，如图5-101所示。

图5-101　渲染输出

5.4.3　工业产品建模：32.98m玻璃钢拖网渔船

　　本案例是威海中复西港船艇有限公司的一个建模项目，要求创建一艘拖网作业渔船。

　　拖网渔船是用拖网来捕捞鱼类的船舶。拖网渔船上的拖网，是利用甲板上的绞车来收网的。拖网渔船捕捞到的鱼，储藏在船上的冷库中。拖网捕鱼是一种效果好、适用范围广的捕鱼方法。

　　该船成功入选"全国十大渔船标准化船型"并获得最佳设计并建造奖项，具有阻力更小、抗风性更强的优点，同时装配新型船用主机，使机桨与船体配合更加融洽，提高了其经济性，并且对船内的舱室布置进行了合理化更改以提高船员的舒适性，实物照片如图5-102所示。

图5-102　标准化船型

渔船参数如下：

总长：32.98m	发动机：300kW
设计水线长：30.18m	船员：12人
型宽：5.7m	自持力：25days
型深：2.7m	航速：11kn
排水量：205.58t	航区：近海

数据与照片来自威海中复西港船艇有限公司官方网站

完整的三维模型如图5-103和图5-104所示。

图5-103　三维模型（1）

图5-104　三维模型（2）

在此，我们只制作较为重要的船体部分。

船体三视图如图5-105所示。

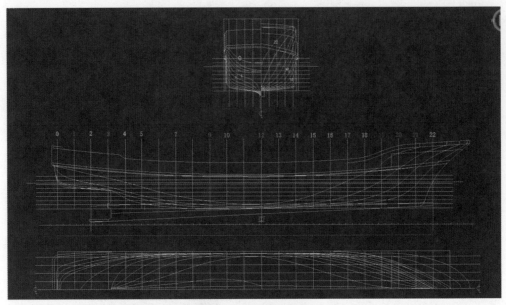

图5-105　船体三视图

此项目必须严格依照三视图来建模，尽可能保证船身每一站的截面形状和位置准确；尽量保证以四边面为主；保证倒角处布线规范。

使用软件：3Ds Max。

建模方法：曲线+放样+多边形。

制作方案：使用曲线绘制路径与多个截面图形；使用放样创建船身主体大型；使用多边形工具创建船头与船尾部分，并进行整体船体的细化和倒角等工作。

古人造船之时，常以龙骨为路径，在不同截面放入木板，形成船体模型。放样一词源于此。在此，先创建龙骨一根，即以直线作为路径，在路径的不同位置（站），放置不同的截面图形。截面图形根据前视图绘制，再于侧视图和顶视图调整每个截面在x轴与y轴（世界坐标）的具体位置，由此得出船身大型。

将放样得出的船体转换为多边形，使用多边形工具挤出船头与船尾，依照侧视图制作水位线，作为硬表面物体，于转折面处倒角，并处理倒角边处的顶点，保证多边形模型的规范。

1. 绘制曲线

制作0站到22站的船身主体：

绘制路径曲线——根据侧视图，绘制一根直线，从0站到22站，留出船体的首尾位置，如图5-106所示。

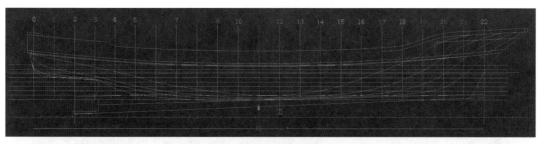

图5-106　绘制路径

绘制截面图形——从前视图中绘制截面图形，如图5-107所示。

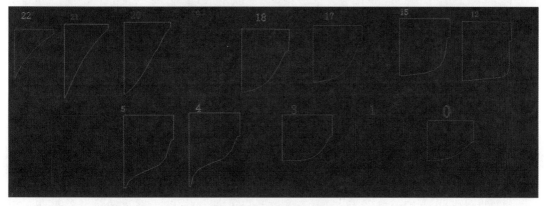

图5-107　绘制截面图形

小技巧：可以先挑选少数的关键站进行绘制，如0、4、8、17、20、22，为形状差异较大的站。放样之后调出大型，再补充其他站的截面图形。

注意：点的数量必须一致，描点顺序亦必须一致，否则放样之后将出现三角面，或因为顶点无法对应而出现面的扭曲，这为之后的多边形操作带来极大不便。比较图5-108中第0站、第12站以及第21站的顶点，数量与顺序，以及在边上的位置，都是大体对应的，如图5-108所示。

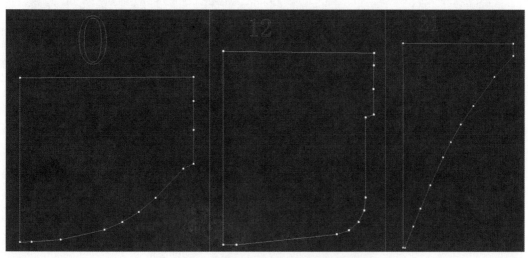

图5-108　绘制截面图形的顶点及排列顺序

2. 多截面放样

放样并调整截面位置后，得到船体大型。

小技巧：可以以关联方式复制一套，分别对位侧视图与顶视图，以便双向同时调整，如图5-109所示。

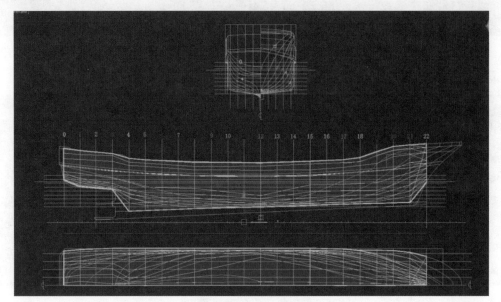

图5-109　船体大型

注意：放样后的蒙皮参数中的shape和path的步幅值均需降为最低，即为0。不需要在曲线上添加任何段数细分，以便观察以及后续的多边形编辑。

在透视图中观察，注意船体方向，如图5-110所示。

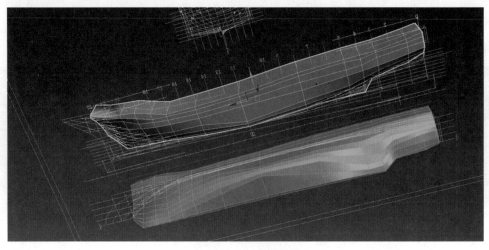

图5-110　透视图

放样步骤完成。

3. 多边形加工

将模型转换为可编辑多边形，使用倒角命令（bevel）挤出头部、尾部以及底部等部件，如图5-111所示。

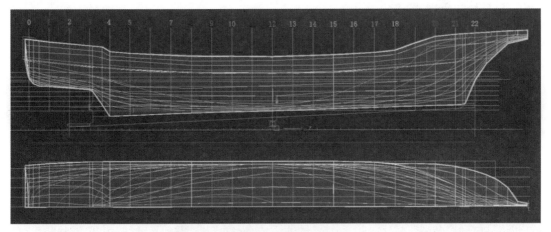

图5-111 可编辑多边形

调整布线；使用切角命令（chamfer）在转折边处添加倒角，并修理倒角后不规范的顶点和布线，平滑后查看，如图5-112所示。

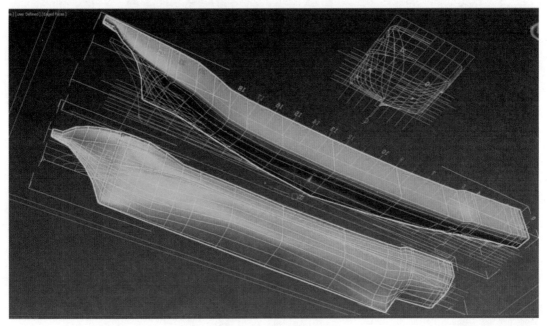

图5-112 调整布线

最后，为模型添加对称命令，完成船体模型，如图5-113和图5-114所示。

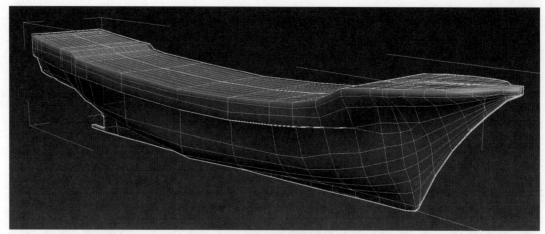

图5-113　完成船体模型（1）

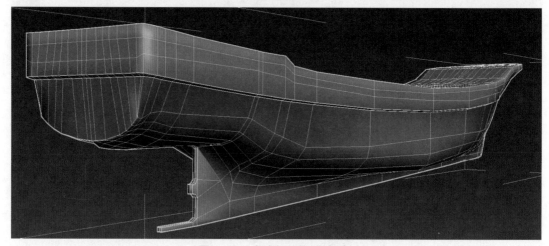

图5-114　完成船体模型（2）

5.5　实操考核项目

所有实操考核项目均需遵循以下要求（项目素材可扫描图书封底二维码下载）：

提交规范文件：命名，打包。

提交渲染效果图和截图的分辨率不低于1000×1000像素。

1. 项目一

（1）考核题目

在简易模型（如图5-115所示）基础上进行加工细化。提交obj文件。时间：15分钟。难度：1级。

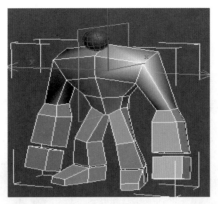

图5-115 项目一

（2）考核目标

熟练掌握多边形建模工具。

（3）考核重点与难点

重点：使用切角（chamfer）、连接（connect）、倒角（bevel）等多边形建模工具，细化人物的躯干、四肢、手指等部位。

难点：熟练使用多边形工具，快速搭建模型。

（4）考核要素

整体视觉效果：具有更多的中型结构，模型更为丰满、圆润、工整；

制作规范：布线合理，以四边形为主；

文件规范：文件格式，文件命名。

（5）参考答案

如图5-116所示。

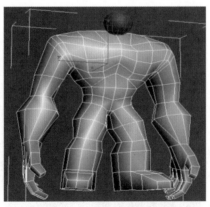

图5-116 项目一参考答案

2. 项目二

（1）考核题目

参考三视图（如图5-117所示），制作海豚卡通模型。提交带布线的截图1张以及效果图1张。时间：30分钟。难度1级。

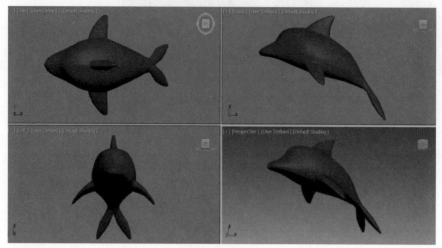

图5-117 项目二

（2）考核目标

熟练掌握多边形建模方法，能在规定时间内搭建简单卡通模型。

（3）考核重点与难点

重点：

● 多边形建模。

● 基本造型能力。

难点：用简练的布线塑造准确的形体。

（4）考核要素

整体视觉效果：形体饱满流畅，模型工整；

制作规范：布线合理，以四边形为主；

文件规范：文件格式，文件命名。

（5）参考答案

如图5-118所示。

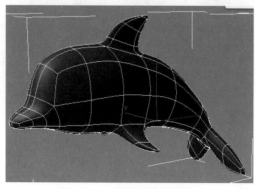

图5-118 项目二参考答案

3. 项目三

（1）考核题目

根据设计稿（如图5-119所示），制作机器人的头部（或躯干、手臂、腿部）模型。不需要材质贴图等。提交不同角度的效果图2张以及obj文件。时间：30分钟。难度2级。

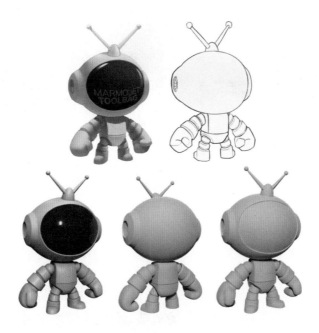

图5-119　项目三

（2）考核目标

熟练掌握多边形建模方法，能在规定时间内搭建规范的卡通模型。

（3）考核重点与难点

重点：

● 对原画的观察、分析。

● 多边形建模。

● 基本造型能力。

● 控制面数。

难点：硬表面物体卡线规范。

（4）考核要素

整体视觉效果：形体准确，模型工整；

制作规范：布线合理，卡线规范，模型总面数5000以内；

文件规范：文件格式，文件命名。

（5）参考答案

如图5-120所示。

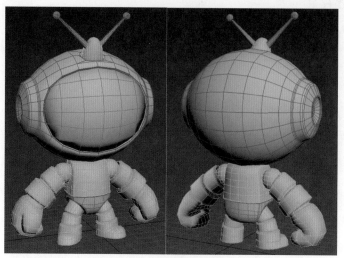

图5-120　项目三参考答案

4. 项目四

（1）考核题目

参考如图5-121、图5-122所示"wheelseat.jpg"与"wheelseat2.jpg"效果图，为模型"wheelseat.obj"（如图5-123所示）的关键部位制作硬边，倒角边长为0.1mm。模型轴心必须在物体的正中心，模型位置位于世界坐标原点。提交截图2张。时间：30分钟。难度1级。

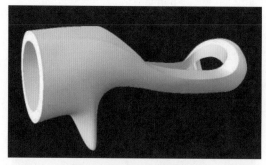

图5-121　wheelseat.jpg

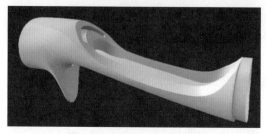

图5-122　wheelseat2.jpg

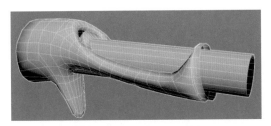

图5-123　**wheelseat.obj**

（2）考核目标

在规定时间内为模型规范卡边。

（3）考核重点与难点

重点：精确倒角，规范卡边。

难点：多边形中的不规范边面的处理。

（4）考核要素

整体视觉效果：倒角一致，模型工整，硬边有过渡；

制作规范：模型坐标与位置合理，倒角规范，布线规范；

文件规范：文件格式，文件命名。

（5）参考答案

如图5-124所示。

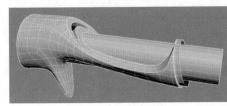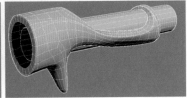

图5-124　项目四参考答案

5. 项目五

（1）考核题目

为模型文件"robot_cat_uv"（如图5-125所示）展开UV。提交UV截图1张，以及obj模型。时间：60分钟。难度2级。

图5-125　项目五

（2）考核目标

熟练掌握UV展开的方法，能在规定时间内展开模型所有的UV。

（3）考核重点与难点

重点：UV展开。

难点：

● 合理处理各部位UV的位置、大小等；

● 不允许出现UV重叠以及明显拉伸等不规范现象。

（4）考核要素

制作规范：UV分割位置合理，UV分布规范；

文件规范：文件格式，文件命名。

（5）参考答案

如图5-126所示。

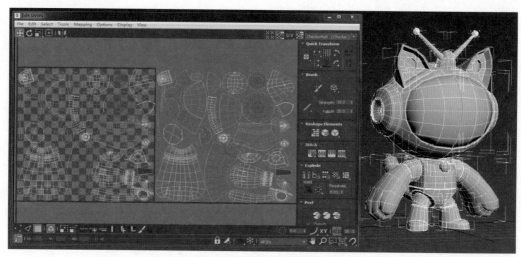

图5-126　项目五参考答案

6. 项目六

（1）考核题目

参考给出的效果图（如图5-127所示），为模型文件"robot_cat_map.fbx"制作贴图（贴图尺寸2K）。提交不同角度的渲染效果图至少2张。时间：60分钟。难度2级。

图5-127　项目六

（2）考核目标

在规定时间内为卡通模型制作较为规范的贴图。

（3）考核重点与难点

重点：

● Substance Painter中绘制颜色贴图。

● Substance Painter中制作基础材质。

● 遮罩绘制。

难点：贴图绘制工整。

（4）考核要素

整体视觉效果：整体质感效果，绘制工整，图案位置、比例、尺寸均准确；

制作规范：导入模型，基础设置，图层属性设置，遮罩使用，渲染输出；

文件规范：文件格式，文件命名。

（5）参考答案

如图5-128所示。

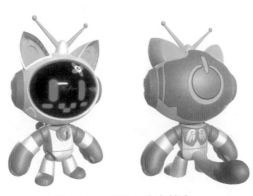

图5-128 项目六参考答案

7. 项目七

（1）考核题目

根据参考图（如图5-129所示），制作简单雕刻模型。

图5-129 项目七

要求：造型基本一致。提交截图1张。时间：30分钟。难度2级。

（2）考核目标

在规定时间内完成简单雕刻。

（3）考核重点与难点

重点：

- 基本造型。

- ZBrush常用笔刷。

难点：硬边须处理工整。

（4）考核要素

整体视觉效果：造型基本准确且工整；

文件规范：文件格式，文件命名。

8. 项目八

（1）考核题目

根据素材中视频展示的内容，制作模型、贴图，以及动画，如图5-130所示。

要求：

模型、贴图、动画效果皆与视频中展示的一致。

动画时长：100帧。视频分辨率：640×480像素。

输出动画avi格式并提交。时间：30分钟。难度2级。

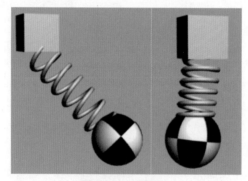

图5-130　项目八

（2）考核目标

在规定时间内完成模型、贴图与动画制作。

（3）考核重点与难点

重点：

- 越界动画设置。

- 弹簧控制器。

- 注视约束。

- 重力及其控制器。

难点：仔细观察动画方式，拆解各模型的动画要素。

（4）考核要素

制作规范：弹簧模型设置，越界动画设置，弹簧控制器，重力及其控制器，注视约束。

文件规范：文件格式，文件命名。

9. 评分细则

初级考题根据考察内容分为多边形建模、简单雕刻、UV展开、贴图绘制、灯光与渲染设置、动画制作等。具体评分参考考题要素。

（1）多边形建模评分细则

- 整体视觉效果，占该题总分的40%，考核点包括形体准确，细节到位，制作工整等。
- 制作规范，占该题总分的50%，考核点包括模型坐标与位置、布线合理，面数控制，倒角准确规范等。
- 文件规范，占该题总分的10%，考核点包括提交文件格式、命名是否符合考题要求等。

（2）简单雕刻评分细则

- 整体视觉效果，占该题总分的90%，考核点包括形体准确，细节到位，制作工整等。
- 文件规范，占该题总分的10%，考核点包括提交文件格式、命名是否符合考题要求等。

（3）UV展开评分细则

- 制作规范，占该题总分90%，考核点包括UV分割位置合理，UV排布规范等。
- 文件规范，占该题总分的10%，考核点包括提交文件格式、命名是否符合考题要求等。

（4）贴图绘制评分细则

- 整体视觉效果，占该题总分的40%，色彩和谐自然，质感明确、图案位置、比例、尺寸准确，细节到位，绘制工整等。
- 制作规范，占该题总分的50%，考核点包括各项流程规范等。
- 文件规范，占该题总分的10%，考核点包括贴图尺寸，提交文件是否符合考题要求等。

（5）灯光与渲染设置评分细则

- 整体视觉效果，占该题总分的40%，渲染图像具有一定的层次，色彩和谐自然，色温舒适，光效氛围符合考题要求等。
- 制作规范，占该题总分的50%，灯光基本参数、阴影类型与质量、曝光程度等符合题目要求。

- 文件规范，占该题总分的10%，考核点包括贴图尺寸，提交文件是否符合考题要求等。

（6）动画制作评分细则

- 制作规范，占该题总分的90%，运动自然流畅，关键帧位置、类型符合题目要求，摄影机动画、粒子动画等相关设置符合题目要求。

- 文件规范，占该题总分的10%，考核点包括贴图尺寸，提交文件是否符合考题要求等。

综合型考题，根据考核侧重点分配分数。

第6章
角色动画

培养目标

　　培养学生具备角色动画的基本理论常识，熟练掌握人体结构及运动规律，能够使用手绘或相关二维制作软件进行角色动画的绘制，掌握至少一款三维软件，对三维角色动画的基本操作有一定的了解。

就业面向

　　主要面向影视、动画、游戏、VR交互、广告等领域，从事二维/三维人物动画加工制作、三维骨骼绑定助理、动作捕捉助理等工作。

6.1 岗位描述

　　在"角色动画"模块，对应的岗位有绑定师、动画师、动画总监等。不同的企业规模和项目对岗位的具体要求会有所不同。在初级阶段，学习者需要掌握角色动画最基础的知识和技能，能够满足三维骨骼绑定助理、动作捕捉助理、初级动画师的岗位要求。

6.1.1 岗位定位

　　以3D动漫制作形式的三维角色动画广泛应用在产品演示动画、3D游戏、三维动画广告、3D影视动画制作中。不管应用在哪个领域，角色动画的核心不会变，即角色通过各种表演，以声情并茂、表情达意来传递思想与情感，演绎出三维虚拟世界的悲欢离合、喜怒哀乐等。具体到岗位，动画师需要按照故事板以及要求，进行角色相关动作、表情的设计与制作。

6.1.2　岗位特点

初级能力的岗位人才，很多虽未参与过动画电影制作，但是有能力按照故事板及具体要求，进行镜头角色动画制作。

- 有能力通过故事板了解角色的肢体语言、面貌表情等，领会角色在作品中的造型与灵魂；
- 有能力通过三维软件中的动画模块完成角色动作、表情等的设计与制作；
- 有能力通过快速学习使用新的软件或插件完成更极致的动画效果。

6.1.3　工作重点和难点

角色动画的动是一门技术，其中角色动画镜头的每一个形体比例、肢体语言、面貌表情等，都要符合角色的运动规律，制作要尽可能细腻、逼真，因此动画师要重点研究各类角色的运动规律，并能够非常清楚地了解要表现的角色在剧本中的造型与灵魂，严格、逼真地设定角色的运动、形态、动作等元素的常量，使之成为活灵活现的生命体。

对于初级能力的岗位人才，难点主要有：

- 独自完成骨骼绑定、蒙皮权重、角色动作等每个环节；
- 制作的动画要在技术层面上达到导演在表演上的交付要求；
- 足够了解三维动画制作流程，了解镜头运动、镜头语言。

6.1.4　代表案例

推荐完整观看中国影史动画电影票房第一的三维动画电影《哪吒之魔童降世》。

6.1.5　代表角色

《哪吒之魔童降世》中的角色，比如哪吒、敖丙、太乙真人、李靖、殷夫人等。

 6.2　知识结构与岗位技能

角色动画所需的专业知识与职业技能如表6-1所示。

表6-1　专业知识与职业技能（初级）

岗位细分	理论支撑	技术支撑	岗位上游	岗位下游
三维骨骼绑定助理 动作捕捉助理 初级动画师	角色骨骼结构 动画原理 表演基础 运动规律 镜头原理	Maya 3Ds Max Blender 绑定插件等	分镜脚本 二维动画 三维制作	镜头剪辑 视效合成 引擎动画

6.2.1　知识结构

　　所谓角色动画，即根据分镜头剧本与动作设计，运用已设计的角色造型在二维/三维动画制作软件中制作出一个个动画镜头（二维动画在前面模块已涉及，不再赘述）。对于初级人才，首先要了解从绑定到动作制作的全流程，以及熟悉整个岗位所涉及的理论知识体系，如图6-1所示。

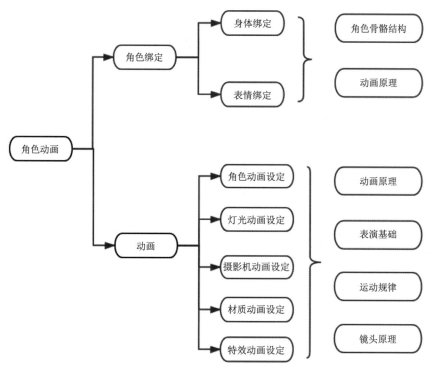

图6-1　角色动画知识结构

6.2.2　岗位技能

　　在三维软件中，动作与画面的变化通过关键帧来实现，设定动画的主要画面为关键帧，关键帧之间的过渡由计算机来完成。每款三维软件都有动画曲线编辑器，可以对动作进行精细的编辑。

不同的团队，根据项目的特性和技术表现需求，可以采用不同的软件进行动画制作。

（1）Maya

Maya软件是Autodesk旗下的著名三维建模和动画软件。Autodesk Maya可以大大提高电影、电视、游戏等领域开发、设计、创作的工作流效率。掌握了Maya，会极大地提高制作效率和品质，调节出仿真的角色动画，渲染出电影一般的真实效果。在目前市场上用来进行数字和三维制作的工具中，Maya是首选解决方案。

Maya主要用于影视动画的制作，近几年的国产动画电影《哪吒之魔童降世》《白蛇缘起》《大圣归来》等，里面的角色动画全部是使用Maya制作的。

（2）3Ds Max

3Ds Max，是Discreet公司开发的（后被Autodesk公司合并）基于PC系统的三维动画渲染和制作软件。其前身是基于DOS操作系统的3D Studio系列软件。在Windows NT出现以前，工业级的CG制作被SGI图形工作站所垄断。3D Studio Max + Windows NT组合的出现降低了CG制作的门槛，首先运用在电脑游戏中的动画制作，后更进一步开始参与影视片的特效制作，例如《X战警2》《最后的武士》等。在Discreet 3Ds Max 7后，正式更名为Autodesk 3Ds Max。

3Ds Max广泛应用于广告、影视、工业设计、建筑设计、三维动画、多媒体制作、游戏以及工程可视化等领域。

（3）Blender

Blender是一款开源的跨平台全能三维动画制作软件，提供从建模、动画、材质、渲染到音频处理、视频剪辑等一系列动画短片制作解决方案。拥有完整集成的创作套件，提供了全面的3D创作工具，包括建模（Modeling）、UV 映射（UV-Mapping）、贴图（Texturing）、绑定（Rigging）、蒙皮（Skinning）、动画（Animation）、粒子（Particle）和其他系统的物理学模拟（Physics）、脚本控制（Scripting）、渲染（Rendering）、运动跟踪（Motion Tracking）、合成（Compositing）、后期处理（Post-production）和游戏制作。

 6.3 标准化制作细则

角色动画制作是三维制作流程中的重要环节。在三维角色动画的制作过程中，角色的动作设计是非常重要的内容。无论是人物角色的性格特征，还是人物角色的年龄、性别等，都是通过动作来体现的。当动画师拿到一个静态的角色模型时，首先要根据剧本的角色设定，对角色进行骨骼系统的设定，然后根据分镜进行K动画（根据关键帧技术实现动画效果）。

6.3.1　角色绑定与蒙皮

1. 创建骨骼的原则

每一个设定的动画角色，都有其角色本身的生物骨骼特征，因此在绑定角色前，动画师一定要先了解该角色或类似于此类角色的生物的骨骼解剖结构。基于解剖结构的骨骼设定，才能使角色的运动更加合理。但是骨骼设定不是越密集越好，根据各角色在剧本中的设定，骨骼的创建在本着不影响动作的情况下，以越精简越好的原则进行设定。

2. 骨骼创建的方法

骨骼创建有以下几种方法：
- 利用三维软件中的骨骼设定模块，进行传统的骨骼设定。
- 利用三维软件中自带的HumanIK进行骨骼设定。
- 利用骨骼插件，比如AdvancedSkeleton等进行骨骼设定。

6.3.2　动作调试

1）运动规律——时间

所谓"时间"，是指动画中角色在完成某一动作时所需要的时间长度。时间是一切动画开始的基础，它影响着角色的运动效果。时间把握是动作真实性的灵魂，也是动画师调试动作时最难也最基本要掌握的要素之一。由于动画中的时间把握受很多因素的影响，所以同一个角色同一个动作在不同的气氛下，所需时间的长度是不同的。

因此，一个优秀的动画师首先要具备良好的时间感受能力。

2）运动规律——速度

所谓"速度"，是指角色在运动过程中的快慢。在特定剧本的动作调试过程中，因为角色的性格特点等不同，角色的运动速度也是不同的。这就要求动画师在动作调试时，要正确地把握该角色在不同的气氛下的运动速度，也就是说在同样一秒的时间内，要实现角色动作所需要的K帧数是不一样。

3）运动规律——空间

所谓"空间"，是指角色在画面中的活动范围和位置，比如一个动作的幅度及角色在每一张画面之间的距离。动画师在设计动作时，往往会把动作的幅度处理得比现实中的动作的幅度要夸张些，从而加强动画的表现力。

4）Pose to Pose（姿势）

对于角色动画，动画师习惯用的方法就是Pose to Pose。采用这种方法，动画师先设置动画最主要的几个姿势，不必考虑姿势关键帧的时间轴，当一个动画的运动方式确定下来，再对其时间轴进行调整，然后填充主要姿势之间的空缺。因此，要想将某个角色动作调试到炉火纯青的状态，需要动画师摆好每一个关键姿势。

比如，在设计一个人物角色姿势时，一定要考虑头部、胸部、臀部三大轴线的位置关系。最好的办法是不要让它们保持水平，要带有一定的角度。仔细观察生活中人走路的姿势，会发现在走路的时候人的肩膀总是与胯和臀部的移动方向相反。相同的道理，人站立的时候通常不会让自己的肩膀总是与胯和臀部成水平位置，总会带一些角度，这样站着会舒服些。

角色的动作是从一个部位开始产生，产生的能量会带动其他部位跟着动。因此，身体从一个地方移动到另一个地方时，会有好几个动作，并且它们不是同时进行的，这就需要动画师在调试过程中设置适量的延迟动作。

6.4 岗位案例解析

企业案例：《3D鲨鱼怪深渊窥探者》动画制作，如图6-2所示。

图6-2　3D鲨鱼怪深渊窥探者

本案例介绍了游戏动画中角色绑定与角色连击的基本原理与应用，从绑定工具使用介绍到架设骨骼、蒙皮，讲解绘制权重原理，调整行走动画与攻击动画关键pose到整体节奏控制，再到连击细节刻画等一系列游戏动画操作。

《3D鲨鱼怪深渊窥探者》案例选自Meshmellow School。Meshmellow School是一个全球数字资产B2B平台，专注于计算机图形图像领域，为产品和服装设计、影视特效、交互设计、游戏和其他领域提供数字图形解决方案。

使用软件：Maya。

制作方案：案例分两大模块，分别是角色绑定、蒙皮、权重，以及角色行走动画。

6.4.1　角色绑定、蒙皮、权重

根据角色设定和动作制作要求，本案例中的鲨鱼怪的动作以肢体动作为主，表情动画相对较少，因此案例采用了Maya自带的"HumanIK"进行角色的骨骼设定。

首先，将模型组制作好的模型导入Maya软件，对模型进行初始设置，如图6-3所示。

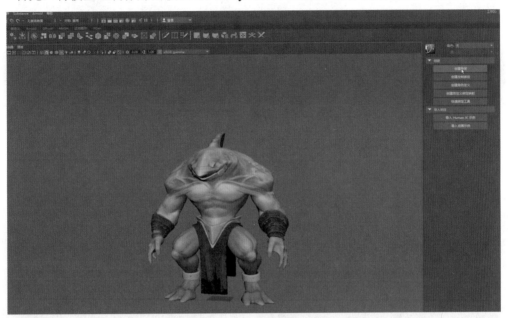

图6-3　角色模型导入

通过HumanIK对角色进行骨骼架设，设定的原则要符合人体骨骼结构。本案例的角色模型不是很标准的T-pose，所以在骨骼架设的时候需要进行细致的调整，确保骨骼与模型结构完全匹配，如图6-4和图6-5所示。

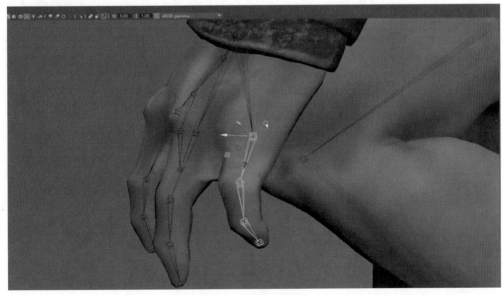

图6-4　手指关节调整

图6-5　左侧骨骼架设效果

左侧骨骼架设完毕，对于右侧骨骼可以通过"骨骼镜像"直接完成，如图6-6所示。

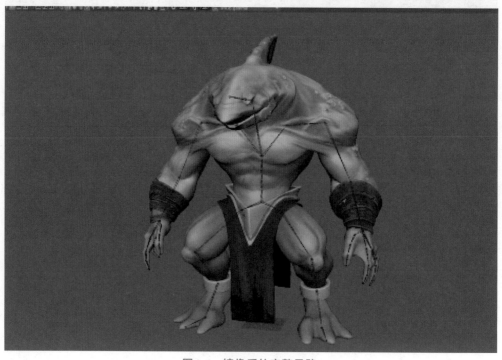

图6-6　镜像后的完整骨骼

骨骼架设完成后，将骨骼关节与模型结构一一对应，然后执行"蒙皮"，如图6-7所示。

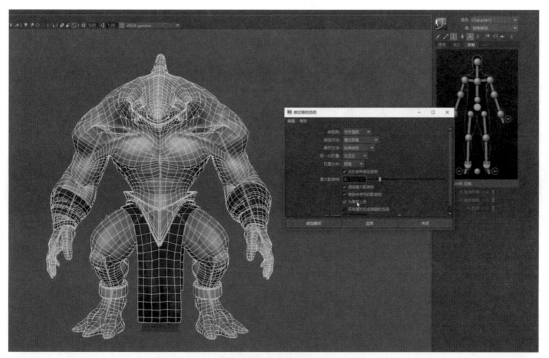

图6-7　蒙皮设定

　　蒙皮完成后，旋转骨骼节点，角色皮肤就跟着一起运动了，但是我们会发现部分关节运动时，角色皮肤的运动不符合肌肉运动规律，这是因为系统自动分配的权重不是很理想，如图6-8所示。

图6-8　不正确的权重分配

因此，绑定师还需要对部分关节的权重进行调整，就是我们常说的"刷权重"，如图6-9所示。

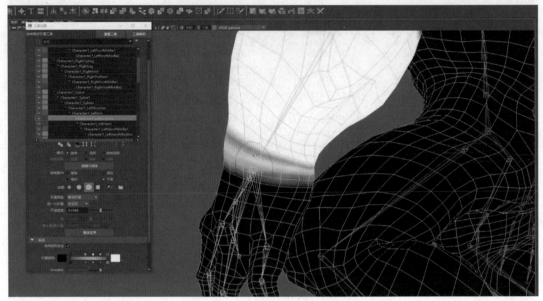

图6-9　骨骼权重调整

角色权重也只需要刷其中一半，对称的另一半也是可以通过"镜像蒙皮"将刷好的权重直接镜像到另一半。

6.4.2　角色行走动画

角色骨骼设定好后，就可以对其进行K动画了。接下来，我们从最基本的走路开始制作。

在进行动画制作前，我们先分析这个角色：鲨鱼怪体型庞大，四肢发达，身体显得沉重，但是攻击性很强。这样的角色走起路来步伐相对沉重，落地也相对有力量感。

这里，我们只制作动作，不考虑具体场景。首先，打开绑定好的角色，将帧频设置为25fps，将角色模型进行锁定，选择所有的骨骼控制器，按键盘上的"S"键，这样所有的控制器参数都变成了红色，表示可以进行关键帧设置了。然后打开"自动关键帧"按钮，设置角色的关键帧pose时就会被自动记录，如图6-10所示。

【提示】在进行关键帧pose设置时，不仅要遵循角色的走路运动规律，同时还要考虑角色本身的性格、体型、情绪等画面气息，这也是考验一个动画师的基本运动造型能力。建议动画师扎实运动规律、动画原理等理论基础。

设置好关键帧pose后，角色有了一个大体的手和脚前后移动的时间区间，但是没有动作细节。在时间节奏没有问题的前提下，接着开始给动作增加细节。细节调整时，参考"动画十二法则"，给角色走路运动增加蓄势、跟随等细节动作，使动作变得真实而又生动，如图6-11、图6-12和图6-13所示。

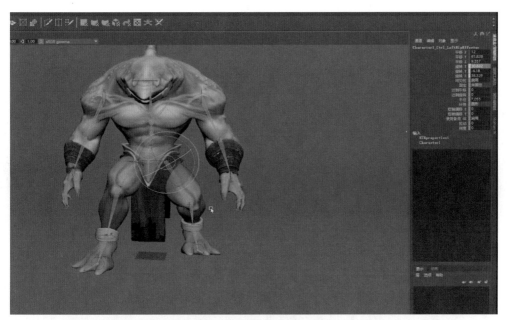

图6-10　角色关键帧pose设置

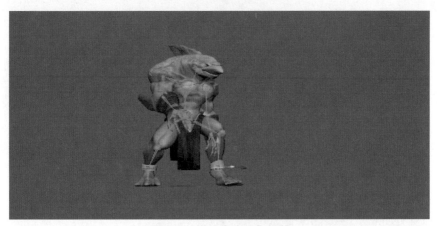

图6-11　增加脚步动作细节

图6-12　增加手部动作细节

图6-13　增加头部动作细节

6.5 实操考核项目

本章项目素材可扫描图书封底二维码下载。

（1）考核题目

用三维软件制作角色基本走路动作，视频参考详见二维码中素材，绑定好的角色已提供。同时拍屏三个视角的视频：正视、侧视、自由视角。

（2）考核要求

● 体现角色的走路特征，标准走路：每秒走两步。

● 模型：必须用提供的角色。

● 软件：不限。

● 拍屏分辨率：640×480像素。

● 制作时间：180分钟。

● 提交文件：动画源文件、三个视角的拍屏视频文件。

（3）考核要点

● 整体动作是否流畅。

● 动画节奏的把握是否准确，动画规则是否正确。

● 动作中的关键帧pose（姿势）是否合理或更具感染力。

● 是否突显人物特征。

（4）参考画面

参考画面如图6-14、图6-15和图6-16所示。

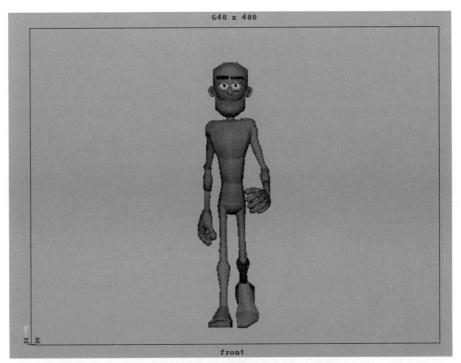

图6-14　正视视角效果

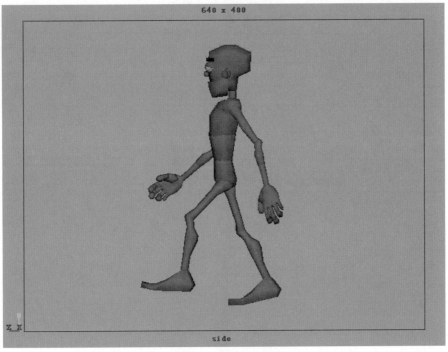

图6-15　侧视视角效果

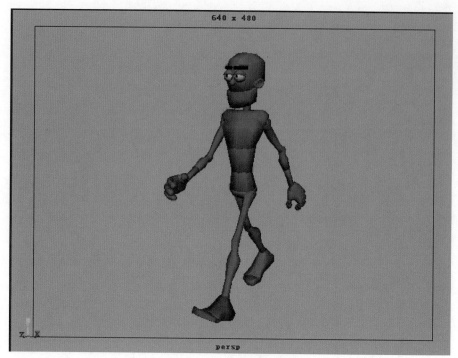

图6-16　自由视角效果

（5）评分细则

评分标准总分 （100分）	动画源文件 （70分）	①动作完整，符合动画原理：30%
		②动作关键帧pose符合运动规律：40%
		③手臂、腰部、脖子等有增加细节动作，符合动画法则：30%
	镜头拍屏 （30分）	①三个视图拍屏视频：40%
		②镜头有三个循环步伐：30%
		③镜头画面布局合理、清晰：30%

第7章
镜头剪辑

本专业坚持立德树人，培养掌握镜头剪辑、视频制作等基本知识和技能，具备会议课程类视频制作、短视频制作、婚庆活动类视频制作能力，从事影视摄影、影视制作和图片摄影等工作的高素质劳动者和技能型人才。

就业面向

主要面向自媒体、短视频、常规商业视频应用领域，担任素材收集整理、拍摄镜头分拣归类、常规视频剪辑制作、协助剪辑师进行镜头粗剪/精剪、完成视频合成发布等工作。

7.1 岗位描述

剪辑师是指运用蒙太奇技巧进行编纂组接使视频成为一部完成影片的人员统称。剪辑师是导演创作意图和艺术构思的忠实体现者，但是剪辑师也可以通过对镜头的剪辑弥补、丰富乃至纠正所摄镜头素材中的某些不足与缺陷，也可以部分地调整影片原定结构或局部地改变导演原有的构思，从而使影片更加完整。剪辑师的工作包括艺术创作和技术操作，贯穿于整个影片摄制过程中。

当今社会大多数行业都涉及视频制作的工作板块，市场对剪辑师的需求量是巨大的。但剪辑师在各个行业领域的工作方式和剪辑思路又各不相同，所以精准定位到各个行业领域及不同层级的剪辑师岗位需求也有所差别。从社会分工和工作岗位面向对象来说，剪辑领域大致可分为会议课程类、短视频类、婚庆活动类、商业宣传广告片类、综艺节目类、影视类等；从剪辑从业者的职业规划与发展角度来看，大致可以归为三类：剪辑助理、剪辑师和剪辑指导。

担任剪辑助理岗位的从业人员应具备：能够协助剪辑师完成剪辑、制作、修改，能够协助剪辑师进行素材导入、整理、分类、绑定、唱词制作、校对等，会操作摄像机采集输入素材，完成后进行成片输出，总之要能较好地配合剪辑师进行剪辑工作，保证工作顺畅进行，共同完成公司项目。

7.1.1　岗位定位

具备初级能力的岗位人员主要在各类影视拍摄/制作公司、工作室、团队等从事项目跟机、协助拍摄、拍摄镜头分拣归类、素材收集整理、视频剪辑（协助剪辑）、视频合成发布等工作。根据企业不同的主营业务及各类分项的不同属性要求，会有针对性地要求该类岗位人员就工作流闭环中单项或多项工作内容进行逐步深化从而达成既定目标。

7.1.2　岗位特点

具备初级能力的岗位人员在入职初期阶段的岗位特点是既有单一性又具多元性的。单一性是指工作层级的单一，其根源是该类岗位人员现阶段所具备、所展示的岗位能力及项目经验不足以支撑工作环节中重要链条的闭环实现，必须从基础做起，从底层做起，熟悉企业文化、具体项目的制作/运营流程等，在工作过程中将学校里、课堂上所学知识技能运用到项目实施的具体环节中，同时通过项目实操逐步积累实践经验。在这一岗位阶段中伴随更多的是基础性的、重复性的、协作性的岗位属性。多元性是指面向工作对象内容的多元，在剪辑工作领域，对于具备初级能力的岗位人员或职场新手，从本质上讲是岗位选人而非人选岗位，求职信息上的描述和学历文凭一样，更多的价值体现是"入职敲门砖"，对于一名新入职的岗位人员来说企业就岗位能力及价值体现方面看重的是你"可以做哪些工作""擅长做哪些工作"以及经过项目跟组过程中你所反映出来的技能优势，评估得出你的岗位核心竞争力是什么。那么在此之前，企业会根据实际项目需求适时对该类岗位人员在项目组各种类环节上进行"预判性、尝试性、择优性"的岗位分配。

结合企业岗位需求的现实情况，从业人员应具备的相应岗位能力如下（包含但不限于）：

- 能够快速融入项目团队，明确工作任务分工现实意义；
- 能够有条理性、逻辑性地收集与整理视频、图文素材；
- 能够根据现实需求进行镜头分拣、筛选、归类；
- 能够根据现实需求进行影视后期非线性编辑软件基础操作；
- 能够掌握常见摄像设备的基本操作及基本光线处理方法。

7.1.3　工作重点和难点

工作重点:

● 熟悉剪辑工作前后工序衔接关系, 对视频制作工作流有清晰的行为认知;

● 读懂脚本的创作逻辑、明确导演的执行意图;

● 了解短视频、会议课程类、婚庆活动类视频的创作概念、流程及规律;

● 熟悉视频剪辑底层逻辑, 掌握一款非线性编辑软件。

工作难点:

● 理论认知到实践经验的有效转化;

● 独立或协同工作过程中的情景判断与取舍。

7.2　知识结构与岗位技能

镜头剪辑所需的专业知识与职业技能如表7-1所示。

表7-1　专业知识与职业技能（初级）

岗位细分	理论支撑	技术支撑	岗位上游	岗位下游
镜头剪辑	摄影摄像基础 分镜头脚本 剪辑学	仪器设备使用 Premiere Photoshop	分镜脚本 影像采集 角色动画	视效合成 引擎动画

7.2.1　知识结构

具备初级能力的岗位人员在现实工作环境中应该会将拍摄的镜头、镜头片段、画面信息、声效元素等素材文件进行合理有序地整理归类, 根据导演及分镜的规划意图进行选材分拣, 根据项目现实情况及客户实际需求进行视频组接编辑及合成发布。从业者有效实现岗位职能, 优质转化工作能效需要多项通识性基础理论支撑, 如下所示。

（1）摄影摄像基础

了解摄影摄像技术原理及目标对象直观呈现一般规律, 初步掌握常见摄影摄像设备仪器的架设、使用方法及根据常规工作环境而采用的适配方式, 掌握拍摄画面取景构图的基本规律。

（2）分镜头脚本

分镜头脚本又称摄制工作台本, 是将文字转换成视听形象的中间媒介, 其主要任务是根据解说词和电影电视文学脚本来设计相应画面, 配置音乐音响, 把握影片的节奏和风格等。分镜头脚本的作用主要体现在: 作为影片前期拍摄的指导性文件, 影片后期制作的主要依据, 影片制定长度以及经费预算等的重要参考。

（3）剪辑学

剪辑在电影艺术初创时期称为电影剪接，偏重技术性，是现代电影剪辑工作发展史的初级阶段，电影剪辑的名称是电影逐步成为一种艺术形式后形成的，电影的剪辑工作是通过镜头组接的技术与技巧完成电影视听艺术的剪辑任务。在当代，日益丰富的视听传播载体及种类繁多的视听获取媒介不断地细分着剪辑的适用层级，拓展着剪辑的应用领域，此时的剪辑早已不是仅为电影艺术创作而服务的单一工种，它被赋予了多元化、层级化的内涵属性并被称为影视剪辑。影视剪辑是将影视素材分解组合成为有一定艺术价值作品的编辑过程，是对原始拍摄内容进行的二次创作，影视剪辑的作用是在不改变影视作品主题的情况下，通过改变影视作品的叙事节奏、空间构造、时间构造来促成更为优质的视听效果。影视剪辑可以广泛应用于电影、电视剧、广告、宣传片、动画和短视频等作品的创作中，其意义在于经过影视剪辑的作品，故事更加完整流畅，内涵更加丰富多样，主题更加鲜明生动，具有强烈的艺术感染力。

7.2.2　岗位技能

具备初级能力的岗位人员在现实工作中需要具备摄影摄像仪器设备的识别及对其基础功能使用的能力，熟练运用一款非线性编辑软件进行视频剪接编辑及合成发布，熟练运用一款图像处理软件进行画面调整及视效优化。所需岗位技能具体如下：

1）仪器设备使用

熟悉市场中常见的摄影摄像仪器设备品牌，了解影像技术的起源与发展，了解数码相机和数码摄像机常规功能和使用方法，掌握影像的曝光用光、影像画面构图、摄像的镜头运用等方法。

2）Premiere技术应用

Premiere是Adobe公司研发的非线性视频创作编辑类软件，它能高效对接各类品牌的不同规格的摄影摄像仪器设备，能够输出各类影音格式，适用发布作品的各类应用平台。Premiere是目前受众群体最广泛、面向领域最全面的非线性编辑软件。

具备初级能力的岗位人员应清晰认知Premiere软件基础知识和底层逻辑，能够熟练应用Premiere软件中界面调整、常用操作、视频剪辑、视频效果、视频过渡、调色、抠像、音频效果、关键帧动画、文字、作品输出等功能，主导或参与会议课程、短视频、婚庆活动等类型的项目活动，并就项目现实要求进行制作完成。

3）Photoshop技术应用

Photoshop是Adobe公司研发的图像制作编辑类软件，它能精准对接并协助各类商用/家用领域进行图像的优化、调色、抠像、修图等现实功能的实施，是各类创意设计行业必不可少的设计辅助软件。Photoshop是目前受众群体最广泛、面向领域最全面的图像制作编辑软件。对于从事视频剪辑工作的从业者来说熟练应用Photoshop软件能够极大地提升其工作效率。

具备初级能力的岗位人员应清晰认知Photoshop软件基础知识和底层逻辑，能够熟练运用Photoshop软件中界面调整、常用操作、抠像、调色、文字、图像效果等功能，协助视频制作工作过程中需要用到的各类图像画面的修改完善及制作生成。

7.3　标准化制作细则

具备初级能力的岗位人员在现实工作情况中涉及较多的岗位执行，具体表现为：跟组进行项目拍摄，了解常规摄影摄像器材及利用设备参与常规项目拍摄活动；将拍摄的内容和收集的素材进行分拣归类，根据分镜头脚本进行视频内容的剪辑合成；熟练应用图像处理软件对工作环节中需要用到的图文素材进行制作编辑或优化修改。

7.3.1　仪器设备使用

在使用仪器设备时需做到以下几点：

- 熟悉常见摄影摄像仪器设备的价位品牌、规格型号及主要功能的基本操作。掌握拍摄过程中设备把持稳定的方法，初期以固定镜头拍摄为主确保拍摄画面的稳定性，使用手动功能进行亮度调整、焦距调整等操作。充分掌握数码摄像设备的光圈、快门、曝光、IOS（感光度）等参数及参数在现实工作环境中的基本调节方法。
- 熟练掌握室内外用光知识并能合理使用影棚及拍摄环境中常见布光处理。掌握并合理利用商业摄像的影棚灯、外拍灯、布光等基础知识。如对于人像拍摄室内外用光：①掌握光的属性（光质、光强、光向、光比、光的类型）；②掌握单灯布光（鳄鱼光、蝴蝶光、三角光、阴阳光等）；③掌握多灯布光法（双灯布光、三灯布光）；④掌握外景测光方法；⑤掌握外拍灯、反光板的运用等。
- 掌握影像拍摄基本方法与要领。基本掌握"推、拉、摇、移、甩、跟、运"等拍摄手法，了解在不同拍摄环境下各拍摄手法的适时运用。基本掌握"平、准、稳、均、清"等拍摄要领，了解在现实工作中各拍摄镜头的所需画面。

7.3.2　Premiere技术应用

熟练掌握Premiere软件操作并能有效运用到会议课程类、短视频类、婚庆活动类等项目的实际制作过程中。

- 理论、界面及常规操作。①了解Premiere相关理论知识：常见的电视制式、帧、分辨率、像素长宽比等；②熟悉Premiere软件界面：项目面板、监视器面板、时间轴面板、工具面板、效果控件面板等；③熟练掌握Premiere常规操作：创建项目文件（创建、打开、保存、关闭），导入素材文件（视频素材、序列素材、PSD素材等），编辑素材文件（导入、打包、编组、嵌套、替换等），个性化设置（设置工作区、自定义快捷键、界面外观等）。

● 视频剪辑、视频特效与视频过渡。①认识视频剪辑基本流程：整理素材、初剪、精剪、完善；②熟练掌握Premiere剪辑工具操作使用（选择工具、向前/后轨道选择工具、波纹编辑工具、剃刀工具等）、监视器面板中素材剪辑（添加标记、设置素材入点和出点、提升和提取快速剪辑等）；③基本熟悉各类视频效果的添加与设置：扭曲类视频效果（边角定位定义画面适配、镜像效果制作对称影像画面、偏移效果制作滑动的影视转场等）、模糊与锐化类视频效果（方向模糊、高斯模糊、锐化等）、生成类视频效果（镜头光晕、网格、闪电、渐变等）、风格化类视频效果（马赛克、Alpha发光、复制、阈值、百叶窗、查找边缘等）；④基本掌握各类视频转场过渡效果的编辑操作：3D运动类过渡效果、画像类过渡效果、擦除类视频过渡效果、沉浸式视频类过渡效果、溶解类视频过渡效果、内滑类视频过渡效果等。

● 关键帧动画、字幕、音频与作品输出。①了解关键帧动画概念，熟练掌握关键帧动画设置操作：创建关键帧、移动关键帧、删除关键帧、复制关键帧、关键帧插值等；②掌握基本的文字创建、字幕创建：字幕面板（字幕栏、字幕动作栏、标题属性栏、标题样式栏等）、字幕栏（字体列表、字体类型、字体大小、字体间距等）、字幕工具箱（选择工具、旋转工具、文字工具、路径文字工具、垂直文字工具、钢笔工具等）；③掌握基本的音频设置与操作：效果控件中默认的音频效果（旁路、级别、声道音量、声像器等），为音频添加关键帧、声音的淡入淡出效果等；④熟练掌握影像文件输出操作：输出预览（源选项、输出选项），导出设置（格式、预设、注释、摘要等），扩展参数（效果、音频、视频、字幕、发布等），渲染常用的渲染格式（输出AVI格式、音频格式、抖音三屏视频格式、静帧序列格式、小视频格式等）。

7.3.3　Photoshop技术应用

对于Photoshop技术应用应掌握以下几点：

● 图像文件的分类与整理：①熟练应用Photoshop软件进行图像素材的批量重命名、批量文件格式更改、批量图像尺寸及质量大小更改等；②能够根据现实工作需求进行序列图像素材的整理输出。

● 图像文件的修改与优化：①熟练应用Photoshop软件进行各类适用图像素材的裁切、抠像、边缘羽化、像素化、各类画面风格化设置等；②能够根据现实工作需求对图像素材的画面亮度、对比度、色相、明暗等进行合理调整。

● 图像文件的设计与制作：①能够根据现实工作需求进行面向造型、效果、内容、表现等的适用性图像制作；②能够根据现实工作需求进行面向符号、图标、文字、画面等的基础性图像设计。

7.4 岗位案例解析

剪辑Vlog短片，具体内容如下。

7.4.1 案例内容

根据案例提供素材内容进行Vlog短视频剪辑制作，如图7-1所示。

图7-1 案例素材

字幕内容："有人曾经说，自信和希望是青春的特权""但奇怪的是，我们身边很多年轻人都处于不安状态""总是害怕来不及""怕到最后，什么事情也没做成""所以，少年""搏一搏，单车变摩托"。

将提供的字幕内容根据视频画面内容进行制作适配。

载入音频素材，将提供的视频素材根据音频时长结合画面内容进行制作适配。

输出规格：1920×1080像素、25帧/秒、mp4格式。

7.4.2 案例步骤

开启Premiere软件执行新建项目命令，新建一个项目。执行文件导入命令，导入全部的素材文件，如图7-2所示。

在项目面板中按序将1.mp4至5.mp4的视频素材内容拖动到时间轴面板中的V1轨道上，如图7-3所示。选择V1轨道上的全部视频素材，右击执行"缩放为帧大小"命令将所有视频素材适配到统一的播放尺寸规格，如图7-4所示。

图7-2　导入素材

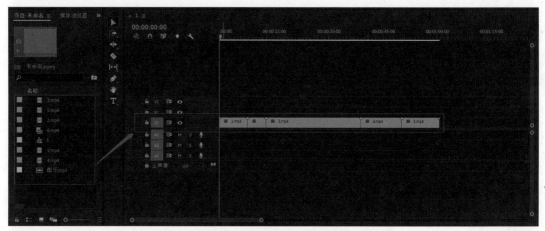

图7-3　将素材拖动到轨道

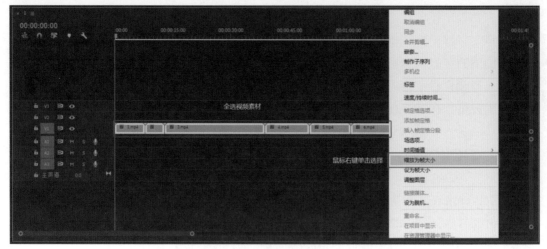

图7-4　适配素材尺寸

　　根据内容需求对视频素材进行剪辑，将时间线置于14秒位置处，选择剃刀工具在当前位置对3.mp4视频素材进行剪辑，切换选择工具选中3.mp4视频剪切后的前方部分内容，右击执行"波纹删除"命令，此时在删除该段视频素材的同时，后段素材内容自动向前跟进。将时间线置于14秒15帧位置处，继续使用剃刀工具剪辑3.mp4素材，切换选择工具选中3.mp4视频剪切后的后方部分内容，右击执行"波纹删除"命令，如图7-5所示。

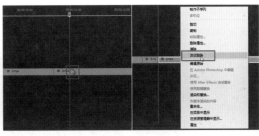

图7-5　剪辑素材

使用与上述步骤相同的方法将时间线置于16秒10帧位置处，选择剃刀工具剪辑视频素材4.mp4，使用波纹删除命令将4.mp4视频素材文件后方部分删除。将时间线置于18秒5帧位置处，选择剃刀工具剪辑视频素材5.mp4，使用波纹删除命令将5.mp4视频素材文件后方部分删除。

在项目面板中将3.mp4和6.mp4视频素材拖动到视频轨道V1上5.mp4视频素材的后方，选择这两项视频素材，右击执行"缩放为帧大小"命令，如图7-6所示。选择6.mp4视频素材，右击为该素材取消链接，将素材的视频与音频进行分离，删除6.mp4视频素材下方的音频，如图7-7所示。

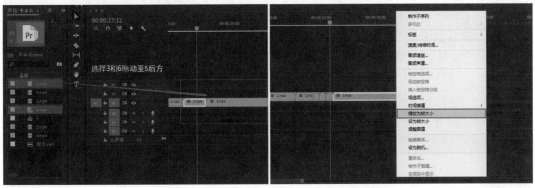

图7-6　缩放为帧大小

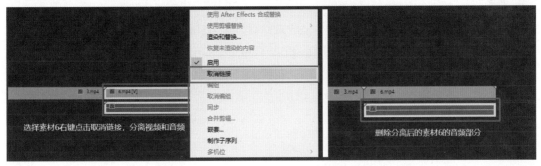

图7-7　分离视频和音频

将时间线置于22秒位置处，使用剃刀工具剪辑3.mp4视频素材，使用波纹删除工具删除该素材前方部分，接着将时间线置于20秒20帧位置处，再次剪辑3.mp4素材，波纹删除该素材后方部分。

将时间线置于26秒位置处，在工具栏中选择▓（比例拉伸工具），接着将光标移动到6.mp4素材尾部，配合按住鼠标左键向时间线位置拖动，此时该视频素材的持续时间缩短，速度加快，如图7-8所示。

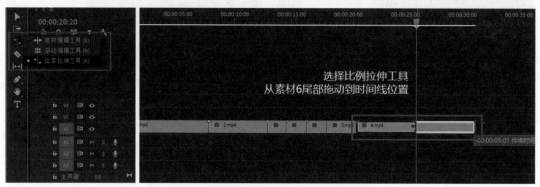

图7-8 进行比例拉伸

为视频素材添加过渡效果，在效果面板中找到"交叉溶解"选项，将该效果拖动到时间轴上1.mp4和2.mp4视频素材中间，在效果控件面板中设置持续时间项为3秒，如图7-9所示。

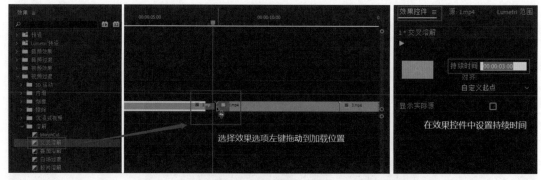

图7-9 添加效果（1）

再次将"交叉溶解"选项拖动到2.mp4素材的结束位置处，接着将效果面板中"黑场过渡"选项拖动到6.mp4视频素材结束位置处，如图7-10所示。

调整画面亮度，在项目面板下面空白处执行新建项目"调整图层"命令，将调整图层项拖动到V2视频轨道上，将结束时间和V1轨道上的6.mp4素材对齐，如图7-11所示。

图7-10　添加效果（2）

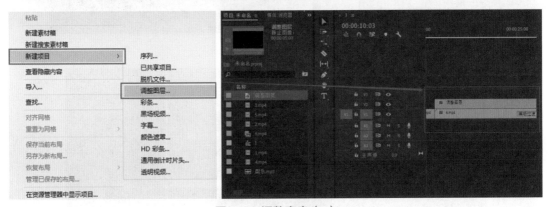

图7-11　调整亮度（1）

在效果面板中找到"RGB曲线"项，将该效果拖动到刚才添加在时间轴上的"调整图层"上，在效果控件面板中展开"RGB曲线"项，单击主要下方曲线，添加一个控制点向左上角拖动，提高画面亮度，如图7-12所示。

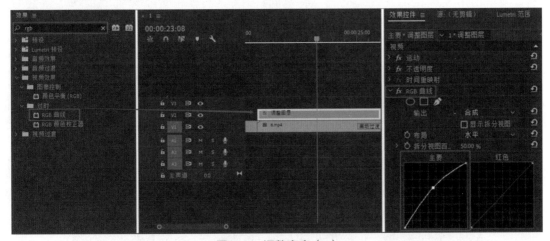

图7-12　调整亮度（2）

制作遮罩拉幕效果，在项目面板中执行新建项目"颜色遮罩"命令，按照弹出窗口，单击"确定"按钮执行操作，在弹出的"拾色器"面板中设置颜色为纯黑色（R0、G0、B0），如图7-13所示。将刚设置好的"颜色遮罩"项拖动至V3轨道上，在效果面板中选择"裁剪"命令并将其拖动到时间轴面板上的"颜色遮罩"上，如图7-14所示。

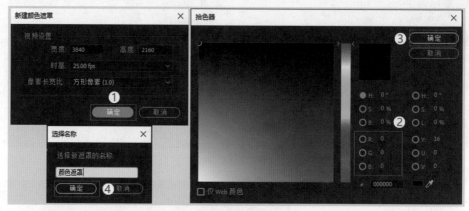

图7-13　制作遮罩拉幕效果（1）

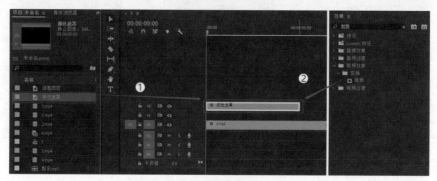

图7-14　制作遮罩拉幕效果（2）

　　在效果控件面板中展开"裁剪"效果，将时间线移动到3秒位置，开启"顶部"参数项后面的关键帧，设置为65%，将时间线移动到5秒位置，设置"顶部"参数为100%，如图7-15所示。选择V3轨道上的"颜色遮罩"，配合Alt键同时按住鼠标左键向V4轨道拖动，释放鼠标后完成复制操作，如图7-16所示。

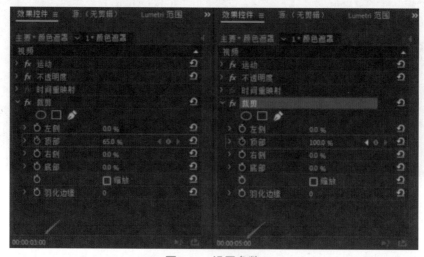

图7-15　设置参数

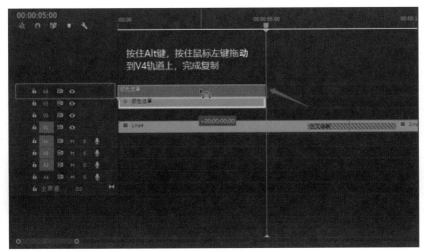

图7-16 完成复制

选择V4轨道上的"颜色遮罩",在效果面板"裁剪"项中关闭"顶部"参数项关键帧按钮,重置参数为0%。将时间线移动到起始帧位置,开启"底部"关键帧,设置"底部"参数值为35%,移动时间线到1秒15帧位置,设置"底部"参数为55%,移动时间线到3秒位置,设置"底部"参数为35%,最后将时间线移动到5秒位置,设置"底部"参数为100%。来回拉动时间线查看拉幕效果,如图7-17所示。

图7-17 查看拉幕效果

制作字幕内容。依次选择"文件"→"新建"→"旧版标题"选项,在打开的窗口中设置名称为"字幕01",如图7-18所示。

单击打开的"字幕01"面板左上角的扩展按钮后,选择"工具"和"属性"选项。选择文字工具,在合适位置输入文字内容,设置字体和字体大小,设置文字颜色为白色,如图7-19所示。

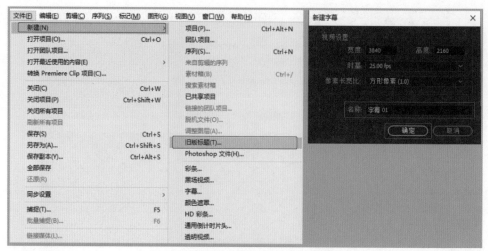

图7-18　新建字幕

图7-19　设置字幕格式

　　在"字幕01"面板中单击左上角"基于当前字幕新建字幕"按钮，设置名称为"字幕02"，在"字幕02"中使用文字工具更改下方文字内容，并适当移动文字位置，如图7-20所示。

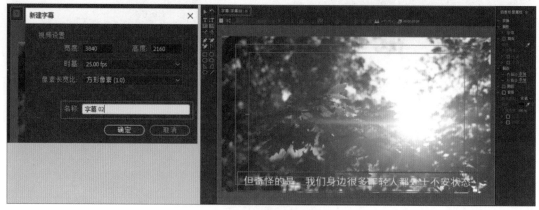

图7-20　移动字幕

使用同样的方法继续基于当前字幕新建"字幕03"至"字幕06"，逐条输入文字内容，文字制作内容完成后关闭"字幕"面板。将项目面板中的"字幕01"至"字幕06"拖动到V5轨道上，设置字幕01的起始时间为第0帧，字幕02的起始时间为7秒21帧，字幕03与3.mp4视频素材对齐，字幕04起始时间为14秒5帧，在项目面板中右击"字幕04"选项并选择"速度/持续时间"选项，设置持续时间为3秒15帧，并将项目面板中的"字幕04"替换为V5轨道中的"字幕04"，用以上同样的方法设置字幕05起始时间为18秒5帧，设置持续时间为2秒15帧，字幕06起始时间为21秒，持续时间为4秒，如图7-21所示。

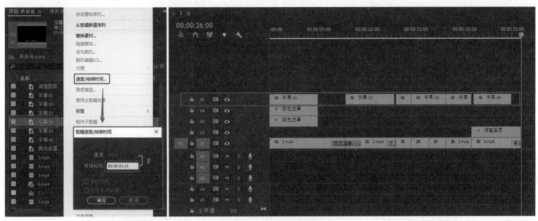

图7-21　设置字幕时间

在效果面板中选择过渡效果"推"，将该过渡效果拖动至"字幕04"结束位置，最后将音乐素材拖动到A1轨道，如图7-22所示。

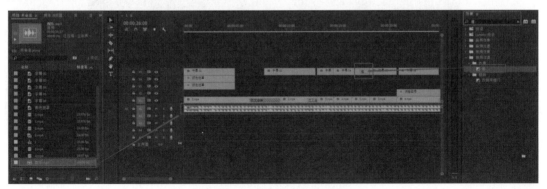

图7-22　添加效果和音乐

将时间线移动到26秒位置处，使用剃刀工具剪辑音频素材，选择剪辑之后的后半部分音频素材将其删除。制作淡出音频效果，选择A1轨道音频素材，将时间线移动到24秒位置处，双击A1轨道前方空白位置处，在当前位置单击"添加/移除关键帧"按钮，将时间线移动到26秒位置处再次添加关键帧，将光标移动到该位置关键帧上方，按住鼠标左键向下拖动，如图7-23所示。

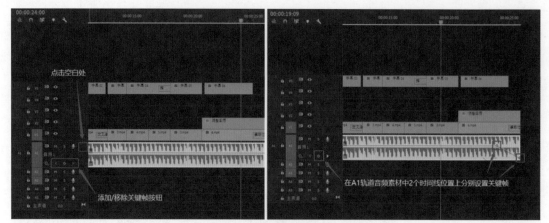

图7-23　制作音乐效果

　　本案例制作部分完成，通过来回拖动时间线进行效果查看。依次选择菜单中的"文件"→"导出"→"媒体"选项进行视频输出，或者使用快捷键Ctrl+M，打开导出设置，根据需求对该面板中各项参数进行设置后导出成片，如图7-24所示。

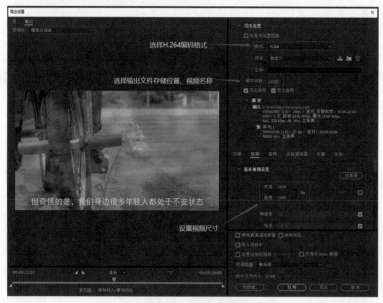

图7-24　导出设置

7.4.3　案例解析

● 该案例包含剪辑、转场、特效、输出等视频剪辑制作全流程内容，整体难度适中，适合作为具备初级能力岗位人员的学习案例；

● 该案例视频素材与文本内容体量较少，脚本逻辑与剪辑思路清晰易懂，在局部剪辑与构成上具备一定的自主创作空间；

● 该案例视频剪辑操作部分内容较多，体现剪辑基础性技能的应用传递，强调了剪辑制作的规范性；

● 该案例适当体现视频转场过渡、特效等部分内容制作并带有明确指向性，其体量与内容满足视频输出的观赏性和完整度，同时为后续内容的学习进阶提供了基石保障。

7.5　实操考核项目

1. 项目一

本章项目素材可扫描图书封底二维码下载。

（1）考核题目

用考题提供的素材，根据考题视频展示要求，进行内容制作。

（2）时间

30分钟。

（3）提交内容

工程源文件和输出mp4文件。

（4）难度

★。

（5）考核目标

辨识考题视频描述内容，按要求规范化制作。

（6）考核重点和难点

重点：对软件功能"视频过渡"项的掌握程度；

难点：对考题视频中涉及的过渡效果进行快速辨识。

（7）考核要素

功能点：油漆飞溅、白场过渡、渐变擦除等效果使用；

还原度：视频制作效果选用是否正确；

规范性：工程文件制作与输出文件内容是否规范。

（8）参考答案

参照考题视频。

2. 项目二

（1）考核题目

用考题提供的素材，根据考题视频展示要求，进行内容制作。

（2）时间

30分钟。

（3）提交内容

工程源文件和输出mp4文件。

（4）难度

★。

（5）考核目标

辨识考题视频描述内容，按要求规范化制作。

（6）考核重点和难点

重点：对软件功能"视频过渡"项的掌握程度；

难点：对考题视频中涉及的过渡效果进行快速辨识。

（7）考核要素

功能点：立方体旋转、推、圆画像、油漆飞溅等效果使用；

还原度：视频制作效果选用是否正确；

规范性：工程文件制作与输出文件内容是否规范。

（8）参考答案

参照考题视频。

3. 项目三

（1）考核题目

用考题提供的素材，根据考题视频展示要求，进行内容制作。

（2）时间

45分钟。

（3）提交内容

工程源文件和输出mp4文件。

（4）难度

★★。

（5）考核目标

辨识考题视频描述内容，按要求规范化制作。

（6）考核重点和难点

重点：对软件功能"剪辑""文字工具"的理解掌握；

难点：对考题视频中涉及的剪辑效果进行快速辨识与判断，视频画面与音效的衔接匹配。

（7）考核要素

功能点：颜色遮罩、蒙版、适配音效等视频剪辑操作；

还原度：视频剪辑制作的效果与考题视频比对的达成度；

规范性：工程文件制作与输出文件内容是否规范。

（8）参考答案

参照考题视频。

4. 项目四

（1）考核题目

用考题提供的素材，根据考题视频展示要求，进行内容制作。

（2）时间

45分钟。

（3）提交内容

工程源文件和输出mp4文件。

（4）难度

★★。

（5）考核目标

辨识考题视频描述内容，按要求规范化制作。

（6）考核重点和难点

重点：对软件功能"剪辑""变速剪辑"的理解掌握；

难点：对考题视频中涉及的剪辑效果进行快速辨识与判断，将视频画面与音效的衔接匹配。

（7）考核要素

功能点：高斯模糊、基本3D、关键帧设置、适配音效等视频剪辑操作；

还原度：视频剪辑制作的效果与考题视频比对的达成度；

规范性：工程文件制作与输出文件内容是否规范。

（8）参考答案

参照考题视频。

5. 项目五

（1）考核题目

用考题提供的素材，根据考题视频展示要求，进行内容制作。

（2）时间

60分钟。

（3）提交内容

工程源文件和输出mp4文件。

（4）难度

★★★。

（5）考核目标

辨识考题视频描述内容，按要求规范化制作。

（6）考核重点和难点

重点：对软件功能"剪辑""变速剪辑"的理解掌握；

难点：对考题视频中涉及的剪辑效果进行快速辨识与判断，将视频画面与音效的衔接匹配。

（7）考核要素

功能点：比例拉伸、帧定格操作、黑白效果、适配音效等综合剪辑操作；

还原度：视频剪辑制作的效果与考题视频比对的达成度；

规范性：工程文件制作与输出文件内容是否规范。

（8）参考答案

参照考题视频。

6. 项目六

（1）考核题目

用考题提供的素材，根据考题视频展示要求，进行内容制作。

（2）时间

60分钟。

（3）提交内容

工程源文件和输出mp4文件。

（4）难度

★★★。

（5）考核目标

辨识考题视频描述内容，按要求规范化制作。

（6）考核重点和难点

重点：对软件功能"剪辑""变速剪辑"的理解掌握；

难点：对考题视频中涉及的剪辑效果进行快速辨识与判断，将视频画面与音效的衔接匹配。

（7）考核要素

功能点：比例拉伸、帧定格操作、黑白效果、适配音效等综合剪辑操作；

还原度：视频剪辑制作的效果与考题视频比对的达成度；

规范性：工程文件制作与输出文件内容是否规范。

（8）参考答案

参照考题视频。

7. 评分细则

初级考题根据考察内容分为工程文件、输出视频两类，两类总分和为该题考核总分。具体评分参考考题要素。

（1）工程文件评分细则

● 工程文件规范，占该题总分的20%，考核点包括对提供的素材的运用是否完整，剪辑逻辑是否合理，其他细节部分等。

● 工程文件内容，占该题总分的30%，考核点包括时间线卡点是否精准，考题视频中涉及到的效果体现是否有遗漏，视频与音频适配是否吻合等。

● 文件规范，占该题总分的10%，考核点包括提交文件格式、命名是否符合考题要求等。

（2）输出视频评分细则

● 输出视频内容，占该题总分的30%，考核点包括视频整体呈像效果，与考题视频比对达成度，画面效果细节等。

● 输出视频规范，占该题总分的10%，考核点包括提交文件格式、命名是否符合考题要求等。

第8章
视效合成

培养目标

　　本专业培养理想信念坚定，德、智、体、美、劳全面发展，具有一定的科学文化水平，良好的人文素养、职业道德和创新意识，精益求精的工匠精神，较强的就业能力和可持续发展的能力，掌握本专业知识和技术技能，面向广播、电视、电影、游戏、媒体广告和文化艺术业等行业的动画设计人员职业群，能够从事影视动画设计、生产、后期制作、特效、影视动画生产管理及技术服务等工作的高素质技术技能人才。

就业面向

　　主要面向短视频、自媒体、常规商业视频、动画制作、后期效果制作、后期特效合成等领域，担任后期视觉效果合成、动画特效制作的工作。由于该等级岗位的工作量饱和度较高，往往多数企业会安排该岗位和美术指导和视频剪辑岗位结合在一起。

8.1 岗位描述

8.1.1 岗位定位

　　特效与合成是后期制作的两个不同的岗位。影视特效师就是我们所了解的为画面增加各类难以通过拍摄实现的特效，提升观众的观影感受，帮助观众更好地沉浸在剧情中的岗位。而合成师则是要将建模师、动画师、特效师的工作成果与拍摄画面进行无缝贴合，通过替换、擦除、缝合等方式，将各类素材元素整合为完整的影视片段，之后再移交给剪辑师，进行之后的工作。

　　该模块对应的岗位主要是特效合成师助理。

该岗位的工作人员主要工作内容如下:

- 负责协助项目中特效后期内容的制作。
- 熟练地进行场景、转场、文字、图形、人物等的视效合成,灵活掌握各种效果类型,根据工作内容制定特效的制作方式。
- 具有较高的审美水平与表达能力,熟练掌握动画制作的各种软件与技能,如:Photoshop、After Effects、Premiere、3Ds Max等。
- 执行力强,思维方式灵活,能根据不同的情况改变动画的制作形式与方法,能独立解决棘手问题。
- 具有良好的沟通、协调和管理能力,具有优秀的职业素养,具有团队精神,责任心强,能承受压力和接受挑战。
- 对新事物学习能力较强。

8.1.2　岗位特点

初级能力的岗位人才,重点要熟悉和掌握后期视觉效果合成的标准化流程和规范性操作,在此基础上掌握简单的特效合成制作,以辅助剪辑师提供相关配套文件,同时具备学习深造的基本素质。工作上侧重于学习与提高。

该岗位的特点:

- 美术要求:特效想要做得吸引人,除了剧情之外,画面、镜头等也很重要,毕竟一部动画或游戏主要也是由这些构成。所以,做特效师必须要对这些有深入了解。首先必须要有一定的美术认知,例如色彩原理、设计、人体解剖学、人物姿态等。其次特效师必须要有较强的手绘功底,因为后期特效多注重画面的质量和效果的感染力、和谐性、逼真程度。
- 技术要求:无论是特效师还是合成师,都需要有一定的美术设计技能,除此之外,就是各类电脑软件的使用以及影视视听语言理论知识。特效设计中,我们常用到的软件有Maya、3Ds Max、Houdini、AE等软件;在合成中,常用到的软件有NUKE、AE、PR等。

8.2 知识结构与岗位技能

8.2.1　知识结构

1. 理论要求

- 掌握必备的思想政治理论、科学文化基础知识和中华优秀传统文化知识。

- 熟悉与本专业相关的法律法规以及环境保护、安全消防、知识产权保护等知识。
- 掌握造型、色彩、透视、表演、蒙太奇等相关领域的基础理论。
- 了解影视动画项目制作流程、生产管理制造流程及各个岗位工种特点，以便深入学习岗位技能。
- 掌握影视动画前期策划、中期制作及后期合成等相关的专业技术和专业理论知识。
- 掌握数字化影视动画制作装备（如：数字手绘屏、专业移动工作站等专业装备）的基础理论知识和操作规范。
- 熟悉制作、创作各个环节的平台软件及不同插件特性，能够根据需求进行选择切换及精准学习。
- 了解广播影视行业最新的相关国家标准和国际标准。
- 熟悉各类新媒体载体终端，能够结合终端媒体特征掌握内容形式表现特点。

2. 实践要求

- 具备空间透视的表现能力，以及动、静态的结构塑造能力。
- 具有运用动画运动规律制作动画的能力。
- 具有对剧本故事、角色塑造、构图等方面的解读分析能力。
- 能够依据操作规范，使用影视动画专业软件。
- 有一定的信息技术学习与应用能力，能够熟练使用动画设计相关软件进行动画设计、制作与创作。
- 能够熟练使用后期技术的相关软件进行影视后期特效设计与制作。
- 具备动画语言的思维、创作能力。
- 具备较强的团队协作能力，良好的语言、文字表达能力和沟通能力。
- 具有探究学习、终身学习的能力，培养行业迁移及创新设计能力。

8.2.2 岗位技能

先进的电脑技术带来了特效制作技术的革新，以前由人工完成的搭建场景、光影动作等制作程序已由电脑技术取代，并能做到使场景和动作表现得更加准确。电脑技术增加了特效制作的程度——全程采用电脑制作特效，只需前期搭建绿布和部分场景并通过剪辑的手法就可以完成后期大部分的特效制作。

特效合成制作的主要软件是Adobe After Effects，简称AE，是Adobe公司推出的一款图形视频处理软件。它适用于从事设计和视频特技的机构，包括电视台、动画制作公司、个人后期制作工作室以及多媒体工作室。Adobe After Effects软件可以帮助用户高效且精确地创建无数种引人注目的动态图形和震撼人心的视觉效果，主要功能有如下几种：

- 图形视频处理：拥有其他Adobe软件没有的2D和3D合成功能，以及数百种预设的效果和动画。
- 路径功能：就像在纸上画草图一样，使用Motion Sketch可以轻松绘制动画路径，或者加入动画模糊。
- 特技控制：可以使用多达几百种的插件修饰或增强图像效果和动画控制，可以同其他Adobe软件和三维软件结合。在导入Photoshop和Illustrator文件时，保留层信息。
- 高质量的视频：支持从4×4到30000×30000像素分辨率，包括高清晰度电视（HDTV）。
- 强大的特效插件：AE特效常用插件介绍如表8-1所示。

表8-1　AE特效常用插件

序号	类别	插件名称	插件介绍
01	云、天空	sapphire render >S_clouds	蓝宝石>云
		AuroraAE55	制作星空
02	光	effect>魔幻眩线	线条效果
		light factory	灯光厂
		effect>transition>cc light wipe	字幕扫光效果，灯光擦除。专门用于制作字幕切换效果
		Trapcode>starglow	光效
		Trapcode>shine	光效
		effect>stylize（风格化）>glow	辉光
03	抠像	effect>Keying>Keylight	抠像插件
		Color difference key	
04	校色	effect>color correction（色彩校正）>color balance（hue色相、lightness亮度、saturation饱和度）	色彩平衡
		effect>color correction>hue/saturation	色相/饱和度
		effect>color correction（色彩校正）>tint	浅色调
		layer>blending mode（混合模式）>color dodge	颜色减淡
		effect>generate >ramp	渐变
		effect>color correction>colorama	彩色光
05	音乐		
06	三维	Zaxwerks>invigorator	三维模型、文字设立
07	文字		
08	风		

序号	类别	插件名称	插件介绍
09	水、雨	effect>Atomic Power> Psunami effect>Red Giant Psunami> Psunami	海洋滤镜
		effect>simulation（模拟仿真）>wave world	水波世界
10	雷、电	sapphire render >S_zap	蓝宝石>闪电
		sapphire render >S_zap to	蓝宝石>多个闪电
11	冰、雪	AlphaPlugins> IcePattern	冰雪插件
12	火		
13	变形、扭曲	Zaxwerks>3d flag	制作红旗
		sapphire stylize>S_TileScramble	蓝宝石>拼、分：图效果
		Distort>cc page turn	书翻页效果
		effect>distort>polar coordinates（极坐标）	极坐标到直线坐标（polar to rect），直线坐标到极坐标（rect to polar），如果用于固态层，需要将固态层建得比合成要大，因为使用此特效后固态层会变小
		effect>stylize（风格化）>Roughen Edges	粗糙边缘，它主要用来创建腐蚀、斑驳的效果，在表现一些老旧效果时，它尤其有用
		effect>sapphire distot>S_WarpBubble	产生随机腐蚀边缘的效果，属于蓝宝石插件
		effect>Distor> Turbulent Displace	紊乱置换
		effect>distort>warp	三维扭曲
		effect>distort>wave warp	水波扭曲
		effect>distort（扭曲）>displacement map	置换映射
		distort>cc power Pin	设置透视
		effect>distort（扭曲）>liquify	液化
14	粒子	effect>simulation（模拟仿真）>cc particale world	粒子仿真世界
		effect>Trapcode>particular（粒子）	发射器（emitter）
15	老电影效果		

AE常用插件如下：

（1）effect >obsolete（旧版本）>basic 3d（基本3d）。

（2）effect>generate（生成）>fill（填充）。

（3）effect>blur&sharpen（模糊与锐化）>fast blur（快速模糊）。

（4）effect>color correction>equalize（色彩均化：自动以白色取代图像中最亮的像素；以黑色取代图像中最暗的像素；平均分配白色与黑色间的阶调，取代最亮与最暗之间的像素）。

（5）effect>color coreection>exposure（曝光），提高光感和层次感。

（6）effect>keying>color difference key（颜色差异键）。

（7）effect>keying>color range（颜色范围）。

（8）effect>keying>spill suppressor（溢出抑制）。

（9）effect>simulation>caustics（焦散）。

（10）effect>noise&grian（噪波与颗粒）>fractal noise（分形噪波）。

（11）effect>distort>bezier warp（贝塞尔曲线）。

（12）effect>stylize>motion tile（动态平铺）。

（13）effect>trapcode>3d stroke（描边）。

（14）effect>stylize>cc glass（CC玻璃），利用指定的贴图做置换，产生立体的特效，可产生动态立体的光影变化。

（15）effect>perspective（透视）>drop shadow（阴影）。

（16）effect>RE：Vision plug-ins>reelsmart motion blure（运动模糊效果）。

（17）effect>matte>simple choker（简单抑制），可以去掉一些白边。

（18）effect>paint>vector paint 绘制。

（19）effect>tinderbox第三方插件，制作各种风格化以及仿真效果。

（20）effect>generate >stroke（描边）。

（21）effect> transition（过渡）> gradient wipe（渐变擦除）。

（22）effect>simulation>card dance（卡片舞蹈）。

（23）effect>transition >block disolve（块溶解）。

（24）effect>time>time difference。

（25）effect>transition >linear wipe可以设置裁剪。

（26）effect>generate>ramp（渐变）。

（27）effect>transition>liner wipe类似遮罩。

（28）effect>generate>stoke可以设置线，其中spacing可以设置类似蚂蚁线效果。

 8.3 **标准化制作细则**

8.3.1　合成制作规范

- 规定时间内完成规定的工作量；
- 对动画序列帧的输出渲染，有必要的部分，必须分层输出。对动画和场景的检查职能，保证动画和场景不存在问题没有错误，符合分镜和设计稿（问题逐级积压到最后，要主动地发现问题，即使是前面环节遗留的，请联系制片部门由制片部门安排人员协商解决，把错误的地方登记到《后期记录动画错误单》

里面，如果制片部门说这个错误先放过后面修改，请在备注里面填写"制片已过，后面修改"，如果自己解决了或制片部门来解决了此问题，请在备注里面填写"后期环节已修改"，请及时做记录。）；

● 动画和场景的合成对位构图正确，人物和环境前后遮挡关系正确，符合分镜和设计稿，不存在对位、透视、比例的问题，有空间层次感；

● 镜头的运动（推、拉、摇、移、跟、升降镜头和综合运动镜头等）符合分镜和设计稿，能够表现时间流动感和空间移动感，营造正确的人物、环境气氛，并且与前后镜头的连接正确顺畅，镜头的运动具有强烈的视觉冲击力，有个性化的剪辑意识，镜头感和节奏感强；

● 实现色彩的校正和调整，色调能够表现时间感（如营造春夏秋冬、清晨、中午、傍晚、夜晚的环境等），营造正确的环境氛围（如欢快、喜庆、阴森、恐怖、神秘等），保证连场镜头（即前后镜头）色调同整场戏、整部片子的色调风格统一（特殊场次的色调需要总监、导演出大色调的标准规范，如黑森林、熊窟、圣山等特殊环境，到时可询问）；

● 合层步骤：导入的素材文件的再检查、动画与背景的对位、人物色调等其他处理、环境色调等其他处理、光线处理、特效处理、镜头运动、大色调大环境处理；

● 文件存放、文件格式和命名规范：以一个场景或者一场戏为单位建立文件夹（如001、020、120、200），场文件夹内建立的子文件夹有动画、动画输出序列、背景（里面可再建JPG、PSD文件夹）、Fx文件、AE工程、AE输出、PRE工程、PRE输出、最终输出、Ba。动画输出序列命名规则是SC-001（场号）-001（镜头号），分层输出时每层加后缀名。AE工程命名规则是SC-001（场号），以一场戏对应一个AE工程文件，这样减轻了打开AE文件时素材的加载量，从而减轻机器的负担，使运行更快。AE输出序列命名规则是SC-001（场号）-001（镜头号）。PRE工程命名规则是SC-001（场号），以一场戏对应一个PRE工程文件，这样减轻了打开PRE文件时素材的加载量，从而减轻机器的负担。PRE输出序列命名规则是SC-001（场号）。文件格式规范是如无特殊需要，AE文件、PRE文件输出的序列文件格式全部为TGA序列，因受Flash输出限制，动画文件的输出格式只能是PNG序列；

● AE工程文件建立的具体设置：首先要对AE进行导入素材帧率的设置和合成尺寸的设置，默认为30帧每秒，我们将其（电影或动画）改成24帧每秒，下面第二步的设置只需设置一次，修改过后，以后软件会默认应用此设置，重装软件后要重新设置。AE文件内素材的规整：在AE文件内建立背景、合成、序列帧文件夹，有导入的其他素材时再建其他素材文件夹，把导入的背景文件放到背景文件夹内，导入的序列帧放到序列帧文件夹内，AE内建的合成放到合成文件夹内，其他素材放到其他素材文件夹内。

8.3.2　特效制作规范(后期、特效)

- 规定时间内完成规定的工作量；
- 对拿到的上一环节的素材（动画、背景、合成）的检查职能；
- 特效效果符合分镜和设计稿，能够表现导演的意图，营造正确的特效氛围，制作前要在脑子里有大致的最终效果图，思路越清晰，完成度越高，要多和导演和总监沟通；
- 特效风格与本片风格相统一，特效效果的色调与场景、人物的色调相统一，特效动画与人物动画衔接流畅、自然、富有设计感、不形式化；
- 特效效果要起到锦上添花的作用，特效添加得不生硬，与动画、场景融为一体，能够起到渲染气氛，增强视觉冲击力的作用；
- 特效人员从合成人员手里获取动画序列帧和背景文件，特效制作完毕后审核通过后，再发给合成人员进行合成，特效人员的特效文件要保留，不允许删除；
- 特效工程文件夹的建立：以一个镜头为单位建立文件夹，如SC-001（场号）-001（镜头号），文件夹内建立的文件夹有动画输出序列、背景、FX文件（里面存放如AE文件、Maya文件等制作特效的文件）。FX镜头输出、特效文件输出序列命名规则是SC-001 （场号）-001（镜头号），如无特殊需要输出的序列文件格式为TGA序列；
- 特效人员如果使用AE软件制作特效，同样也要注意合成规范里面第7条的设置。

8.3.3　审核标准

- 合成人员、特效人员规定时间内工作量的完成度；
- 合成人员、特效人员是否执行了对上一环节的检查职能；
- 合成人员、特效人员的工作质量是否达到并符合上文的制作规范要求；
- 合成人员、特效人员在制作工程中是否具有独到的见解、新技术的开发和创新意识。

8.3.4　工作职责

合成人员、特效人员的工作职责就是严格按照上面的制作规范完成工作。

岗位案例解析

　　打开AE软件新建分辨率为1280×720像素、帧率为25，其他为默认的项目，如图8-1所示。

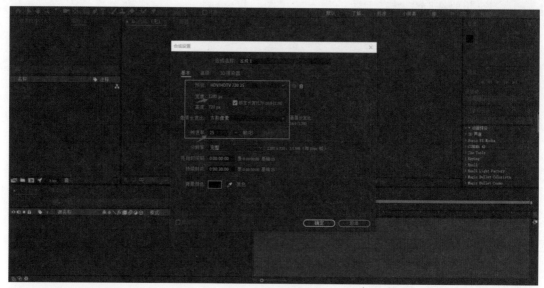

图8-1　新建项目

　　新建文本图层输入文字，将图层转换为合成层，如图8-2所示。

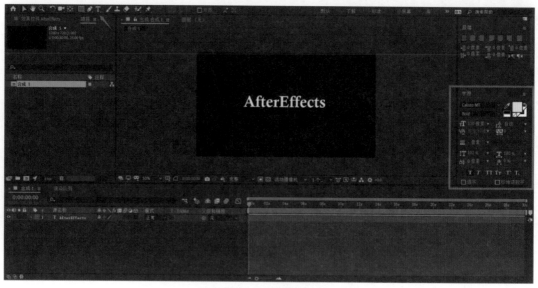

图8-2　合成层

　　新建纯色层设置效果Trapcode—Form，如图8-3所示。

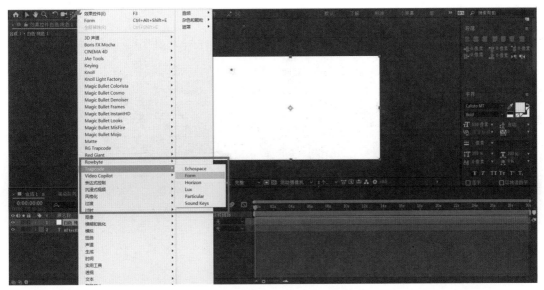

图8-3 Trapcode—Form效果

根据合成值调整形态基础参数值，如图8-4所示。

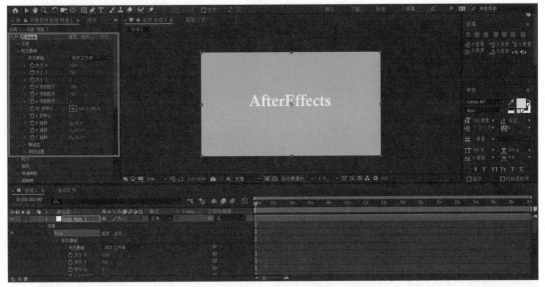

图8-4 调整参数值

设置文字显示方式，选择"层映射"→"颜色和Alpha"选项，进行调整数值，如图8-5所示。

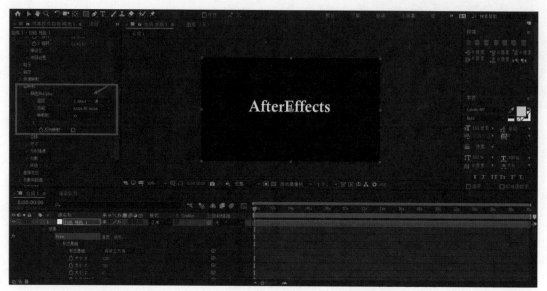

图8-5　文字显示

从文字预设中选择梯度渐变选项，调整文字颜色，生成梯度渐变，对文字进行改色，如图8-6所示。

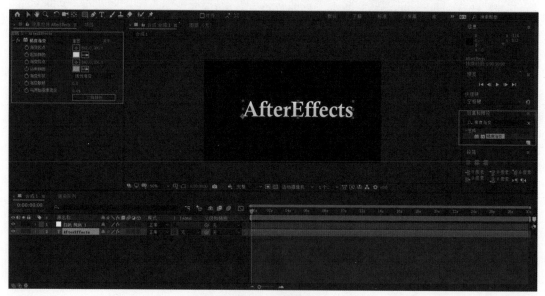

图8-6　梯度渐变

选择分散和扭曲选项将分散数值增大，如图8-7所示。

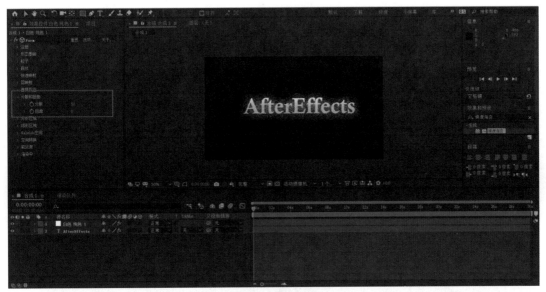

图8-7 分散数值

制作过渡贴图，从左往右扩散，右击效果控件，依次选择"过渡"→"线性擦除"→"设置关键帧"→"转换合成层"选项，如图8-8、图8-9、图8-10和图8-11所示。

图8-8 过渡贴图（1）

图8-9　过渡贴图（2）

图8-10　过渡贴图（3）

图8-11　过渡贴图（4）

复制一个过渡层到文本图层，将文本图层转换为反遮罩，如图8-12所示。

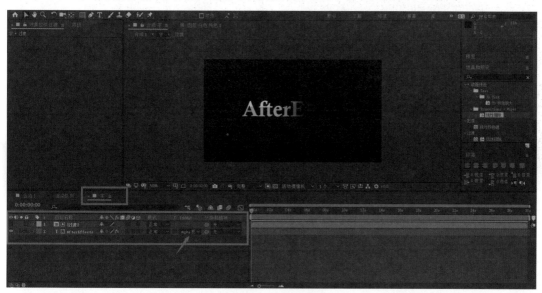

图8-12　反遮罩

同时按住Ctrl+D快捷键，复制一个文本层，将形态基础改为串状立方体，如图8-13所示。

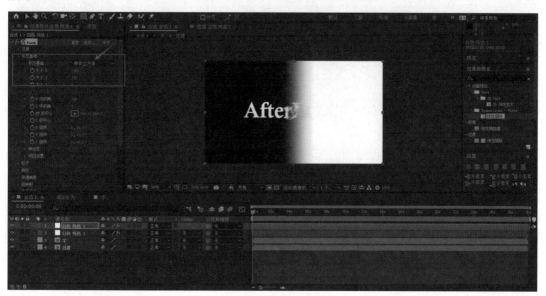

图8-13　串状立方体

建立背景图层，依次选择"生成"→"梯度渐变"选项，进行颜色设置，如图8-14所示。

图8-14　背景图层

新建调整图层，依次选择"风格化"→"发光"选项，调整参数值，如图8-15
所示。

图8-15　调整图层

如需添加其他效果可新建文字层或纯色层添加效果，如图8-16、图8-17和图8-18
所示。

图8-16　其他效果（1）

图8-17　其他效果（2）

图8-18　其他效果（3）

8.5 实操考核项目

1. 按照要求完成操作

- 输入所需制作的效果文字"1+X动画制作"，制作不同文字粒子效果。
- 创建合成，以"文字特效"为名保存，按上述步骤制作出文字或图形、图片的粒子效果，保存格式为AEP的工程文件。

2. 评分细则：总分100

- 软件操作：软件按照要求操作准确（30分）。
- 画面风格：构图简洁、完整，配色合理统一、协调（10分）。
- 效果自然流畅，不卡顿（30分）。
- 符合基本特效效果，自然和谐，无明显纰漏（30分）。

第 9 章
引擎动画

掌握引擎动画的基本知识和技能，具备常规的素材导入、环境搭建及基础动画功能实现的能力，从事引擎常规操作，能够完成引擎动画流程中基础环节制作和功能实现的熟练型人才。

理解引擎的通用逻辑，掌握标准化流程，能快速适应和掌握各类引擎的基础操作方法，达到项目基本要求。

就业面向

主要面向引擎动画工作初级岗位，涉及领域包括影视、动画、游戏、虚拟展示、VR等。对于该等级岗位的工作内容相对基础，以素材整合、环境搭建等基础功能实现为主，但涉及引擎美术较全面的基础知识，是前期美术资源与引擎平台对接、梳理和整合等中间环节的助理工作。

9.1 岗位描述

引擎动画在动画领域属于较新的技术手段，其高效的制作流程和良好的效果呈现，在CG动画、游戏过场、商业演示等领域已有广泛应用，引擎动画岗位面对行业、企业和项目更加多样化。由于引擎为基于实时渲染的平台工具，工作内容、工作重点和工作流程与传统软件存在一定区别，工作内容具有一定的独特性。

9.1.1 岗位定位

引擎作为实时渲染的独立平台工具，有大量美术资源和素材可以进行导入、整合和优化，初级岗位的工作人员往往需要面对资源对接工作和基础功能实现工作，需要掌握并能够熟练运用引擎的各项基本功能。

9.1.2 岗位特点

初级能力的岗位人员，往往很难介入复杂高级的项目制作，但需要具备较为全面的关于引擎基础内容和功能的能力，以应对大量的资源对接和整合工作及快速预览的相关任务。需要掌握的能力如下：

- 了解地形编辑和植被工具，有能力通过项目提供的素材快速构建场景地形。
- 掌握材质编辑器基础功能，能够快速将贴图资源创建材质球，并准确赋予对应模型。
- 掌握灯光工具的使用方法和光照属性设置的基础原理，能够快速准确地构建场景的光照效果。
- 了解粒子工具的基础制作原理，能够熟练使用粒子素材满足虚拟场景中的视觉表现需求，并能对粒子基础参数进行适当的调整。
- 了解雾气工具的视觉表现特点和基础属性设置，能够正确使用雾气工具营造环境氛围。

9.1.3 工作重点和难点

重点：需要熟练并高效地整合前期美术资源和素材，并实现引擎美术相关基本视觉效果，能实现产品、汽车、地产等商业演示类项目的基本效果。

难点：一些中小型企业，引擎相关人员配置较少，岗位划分不细，需要较为全面地掌握引擎美术相关基本功能。

能够掌握引擎的原理和逻辑，熟悉制作流程，理解不同引擎的操作和流程的共性，可以快速熟悉各类小型引擎的使用方法，并满足基本项目输出要求。

 9.2 知识结构与岗位技能

引擎动画所需的专业知识与职业技能如表9-1所示。

表9-1 专业知识与职业技能（初级）

岗位细分	理论支撑	技术支撑	岗位上游	岗位下游
引擎动画	构图学 色彩学	1. 熟练掌握： UE4、Unity3D等引擎 2.基本掌握，能使用以应对一些简单修改： Photoshop 图像处理类软件，Maya、3Ds Max、Blend 三维模型类软件	二维制作 三维制作 角色动画	镜头剪辑 视效合成

9.2.1　知识结构

初级人员知识结构以资源整合、基础的场景搭建和视觉呈现为主，需要掌握基础的引擎操作流程规范和一定的通识设计理论和审美素养，能将设定图或概念图的效果在引擎中良好地呈现出来。

- 构图学：具备一定空间能力和构图能力，能够较好地还原和实现场景空间布局和视觉效果。
- 色彩学：具备一定的色彩学理论知识，能够较好地还原设定图色彩效果，并协调统一整体色调。

9.2.2　岗位技能

引擎动画基础工作者往往需要对接和整合前期美术资源，需要具备一定的相关软件技能，以独立解决资源对接过程中出现的一些简单问题。需掌握的软件技能如下：

- Photoshop：掌握基础PS使用方法，能够解决一些相对基础的贴图资源素材修改和调整问题。
- Maya、3Ds Max或Blend等相关3D软件：掌握相关3D软件，能够解决一些模型导出的基础问题。
- UE4、Unity3D等引擎：需要熟练掌握引擎的基本功能和实现原理，独立实现相对基础引擎美术视觉效果和引擎动画视频。

9.3　标准化制作细则

由于引擎软件的特性及公司人员配置的一些问题，初级引擎动画岗位人员需要熟练掌握引擎美术相关基本功能，包括模型、材质资源导入，基础场景环境的搭建等。

一方面，由于引擎种类较多，各类大、小型引擎侧重点和优势各有不同，引擎学习更多的是要掌握标准化流程和逻辑原理；另一方面，由于引擎需要整合大量美术资源，对接程序，所有目录结构和命名规范也是需要注意的重点。

9.3.1　材质基础

材质是实现美术效果的关键因素之一，引擎中的材质球与大多数3D建模软件的材质球十分相似，通过材质编辑器中的可视化节点相连接，材质球的各项属性通道和贴图操作方法基本相同，将贴图素材的指定通道与材质球通道相连接即可，包含常用的颜色、高光、法线、透明蒙版、自发光等，如图9-1和图9-2所示。

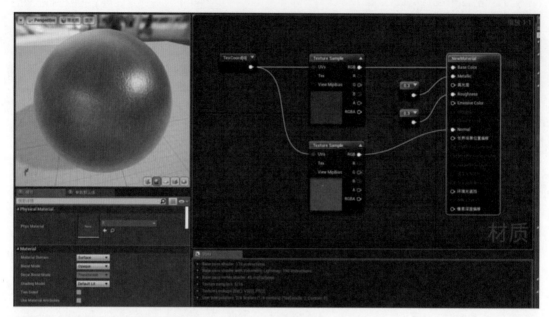

图9-1　材质编辑器

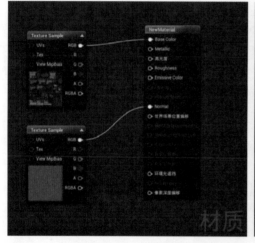  

图9-2　材质球

在引擎的材质球编辑器中，基础表达式节点可以灵活控制或实现材质的简单效果，也可以在没有贴图素材的情况下通过调节参数数值快速实现基础效果呈现，同时配合一些简单运算对现有贴图素材进行强化或削弱，如图9-3所示。

常量表达式：可以通过常量表达式输入数值，设置材质球对应属性值来整体调整对应属性的效果，例如整体光泽度、平滑程度等。

数学表达式：可以通过常量与数学节点组合使用，控制和调整贴图的输出强度或形式，例如颜色叠加、法线强度、自发光强度等。

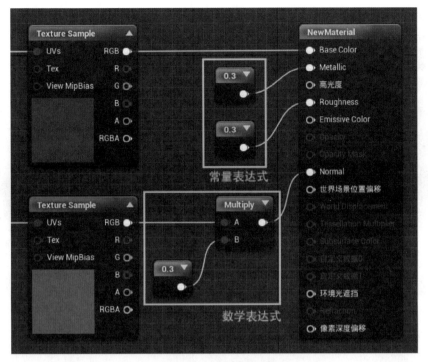

图9-3　材质表达式

9.3.2　地形工具

地形编辑工具是引擎中构建虚拟场景基础地形的主要工具之一，通过雕刻的方式快速、灵活地构建地形的起伏和倾斜等结构，可以高效地创建山脉、山谷等地形环境，支持大尺寸室外世界虚拟场景的构建，如图9-4和图9-5所示。

图9-4　场景参考（图片来源：UE4官方案例）

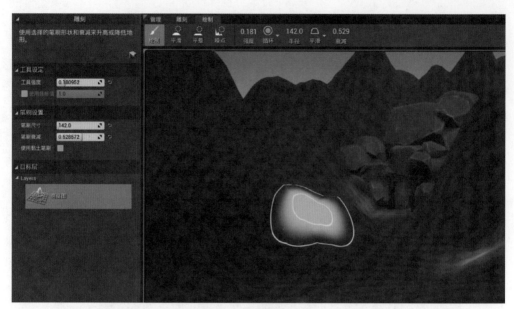

图9-5　地形雕刻工具

　　地形编辑器中的绘制工具，可以在已构建的地形模型的表面通过笔刷绘制方式快速绘制多种材质纹理，可实现自然的纹理衔接和过渡，灵活调整细节纹理，能够高效地实现场景地形材质效果，如图9-6所示。

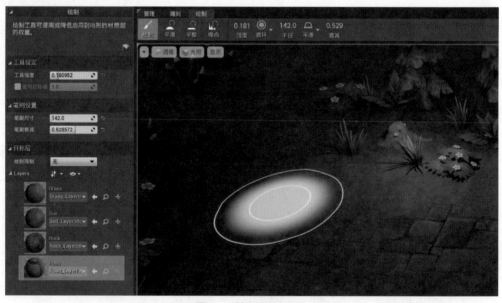

图9-6　地形雕刻工具

　　植物工具将预先导入引擎的植物模型添加到植物类型库，通过植物绘制笔刷将选定的植物排布在场景中，植物工具可以设定各植物模型的体积大小、数量、排列密度等属性，并且植物排布具有一定的随机性，使得植物排列得更加自然，能够高效地构建草地、树林等大面积的植物环境，如图9-7所示。

图9-7 植物工具

9.3.3 光源

引擎中的光源系统与传统3D建模软件的光源系统类似，其操作方式和逻辑属性也大体相同，常用光源包括：定向光源、天光、点光源、聚光灯。由于引擎是实时渲染的，添加和设置光源属性时，光照效果能够较为准确地直接在画面中呈现，相比传统3D软件的渲染方式，实施光照更加直观、高效，极大地提高了动画渲染的效率。

需要注意，一些引擎的摄像机有自动曝光调节功能，需要设置相关曝光数值和曝光范围；一些引擎光源有静态、动态等区别，在构建光照贴图、引擎运行效率等方面需要根据具体软件和项目实际情况考虑，如图9-8所示。

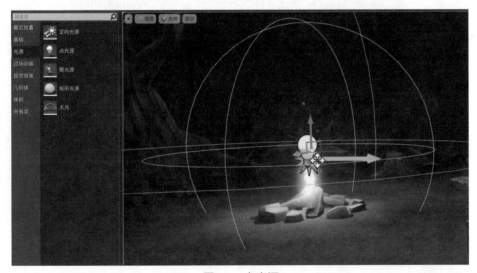

图9-8 点光源

9.3.4　雾气

雾气工具是构建场景氛围的重要视觉元素之一，可以真实地模拟自然环境效果，构建远近虚实视觉关系，亦可以营造生动、夸张的环境氛围。常用的雾气工具有两种，如图9-9和图9-10所示。

图9-9　大气雾（UE4官方文档）

图9-10　指数高度雾

● 大气雾：模拟逼真的大气、空气密度以及透过大气介质的光散射的雾气效果，能够使大型户外场景显得更加逼真，通过结合定向光源在天空中产生日轮效果，能够随着太阳高度产生天空颜色的变化。

● 指数高度雾：在场景中较低位置雾的密度较大，较高位置雾的密度较小，随着
海拔升高产生平滑的过渡。通常应用于森林、山谷、深渊等场景，需要雾气
浓度在空间高度上有视觉变化，或需要在低处构建密度较大雾气的视觉特效时
使用。

9.4 岗位案例解析

案例展示如图9-11所示。

图9-11　案例图

9.4.1　导入模型和贴图资源

创建工程目录：在引擎中建立各类美术资源对应的文件目录。由于引擎需要整合所
有美术资源并对接程序，所以项目结构和规范非常重要，命名规范亦可根据具体项目或
企业要求。

导入模型资源：三维模型资源可以直接使用鼠标拖进引擎对应的工程目录中，通常
导出为fbx格式，fbx格式的3D模型具有较好的兼容性，适用于绝大多数引擎和3D建模
软件，方便后期软件互导和模型修改。

导入贴图资源：贴图文件常用格式为jpg、png、tga等图片格式。

通常情况下基础资源素材导入方式类似，导入模型会默认导入fbx文件中材质球和
贴图的部分关联属性，为保证工程文件的简洁和工整，可以在导入设置中选择不导入材
质，而是通过手动导入贴图并在引擎中重新创建材质球，如图9-12和图9-13所示。

图9-12　FBX导入选项

图9-13　模型目录

9.4.2　创建材质球

导入贴图后，在材质文件夹中创建一个新材质球，将贴图导入材质球编辑器连接到对应的属性通道，并将材质球链接到对应模型便可出现实际效果，其原理与3D软件基本形同。一般情况下，将制作良好的贴图直接连接材质球节点，可以得到一个相对较好的表现效果，但对于一些细节调整或特殊效果表现，需要加入一定的材质表达式（如Multiply）来调节和实现最终效果，例如自发光贴图需要在黑白通道贴图的基础上，叠加颜色和自发光强度系数，以实现局部发光效果。

　　在引擎中，当多数材质球节点连接方式一致或非常接近时，可以将各个素材和数值设置为可变参数，通过创建类似索引的方式（UE4创建实例材质），直接替换对应素材，调节数值，极大地减少了重复性工作，同时也提高了各项属性数值的设置和效果预览的效率，如图9-14和图9-15所示。

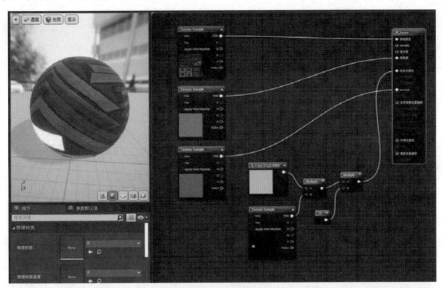

图9-14　材质编辑器

图9-15　实例材质

9.4.3　地形工具

在引擎中构建虚拟场景的地面通常会使用地形工具，地形工具可以快速构建大规模场景，首先需要在场景中创建一个大小相对合适的地形，由于地形占用资源少，运行速度快，所以创建地形时，区域面积大于实际场景使用区域并不会对运行效率造成太大影响，如图9-16所示。

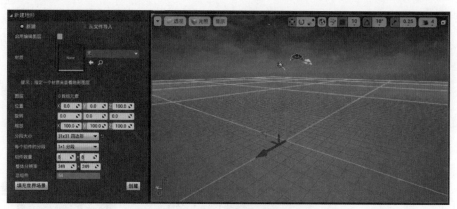

图9-16　创建地形

创建地形后可以使用地形雕刻工具对地形结构和细节进行塑造，雕刻方式与3D软件中雕刻工具相似，可以快速上手。在雕刻地形时，可以预放置一些主要建筑或重要模型，体积在场景中作为空间尺寸的参照，能有效提高地形结构和尺寸的准确性，如图9-17所示。

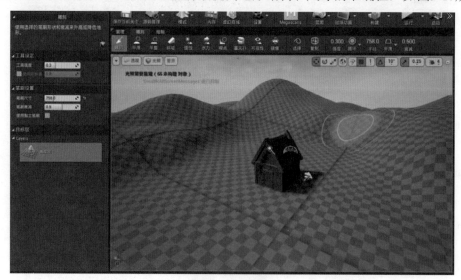

图9-17　地形雕刻

地形基础结构构建完成后，需要给地形赋予材质，地形材质与普通的模型材质有一定区别，地形材质需要将多种纹理根据地形结构、环境等因素灵活地绘制到相应位置，所以需要使用专用的地形混合表达式连接到材质球，以便地形材质笔刷工具能够灵活地调用不同纹理，如图9-18所示。

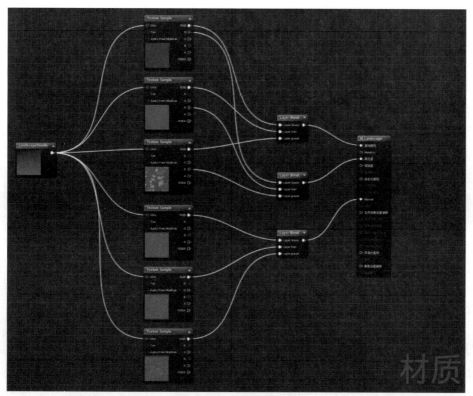

图9-18　地形材质球

　　将创建好的地形材质附于地形模型上，设置好不同地形纹理的图层，便可以使用地形材质笔刷工具在地形上直接绘制材质，通过设置笔刷强度、大小、衰减等参数，可以绘制材质过渡、叠加等细节效果。绘制地形材质时需要注意场景模型与地形材质的相互关系及其对于地面纹理可能产生的影响，如图9-19所示。

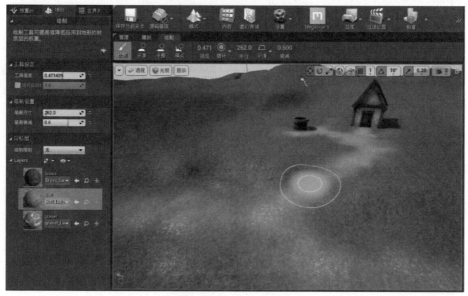

图9-19　地形材质笔刷

9.4.4 植物工具

场景中的所有植物都可以通过植物工具以笔刷的形式快速创建到场景中，大到树木，小到花草，包括小石子等素材都可以通过植物工具创建，极大地提高了植物创建和摆放的效率，同时也便于管理。植物工具可以设置不同植物单位面积内的生长密度，可以通过笔刷大面积布置，也可以通过单个的形式进行针对性创建，并且所有已创建的植物都可以再次选择、调整和删除。创建植物时摆放应疏密有致，同时要注意场景局部环境与植物生长的关系，如图9-20所示。

图9-20 植物工具

9.4.5 模型导入场景

完成地形、植物等场景基础布局之后，可以开始将模型素材导入场景中，进一步地完善和丰富场景细节，模块化的模型素材可以灵活搭建出不同的搭配组合，增加了场景中元素的细节变化，有效提高场景元素的丰富性。

9.4.6 灯光

定向光源通常作为主光源模拟太阳光或月光，天光控制侧光面和背光面的亮度。在夜晚场景中，需要使用点光源、聚光灯等工具制作场景局部和细节光照效果，如图9-21所示。

图9-21　场景搭建

　　引擎里模型材质添加较强的自发光效果后，甚至会出现泛光效果，但是这种模型的自发光只是模型自身的显示效果，对于周围环境并不会产生实际影响，需要添加相应的光源来辅助实现光照效果，如图9-22和图9-23所示。

图9-22　定向光源和天光

图9-23　点光源、聚光灯

9.4.7　雾气

雾气工具是虚拟场景制作中渲染气氛和增加视觉表现效果的重要工具，可以模拟不同状态的雾气效果，营良好的环境氛围，例如使用雾气工具模拟夜晚树木的雾气效果，并增强树木的层次和深幽感，如图9-24所示。

图9-24　雾气效果

9.5 实操考核项目

本章项目素材可扫描图书封底二维码下载。

1. 项目一

（1）考核题目
场景模型贴图、材质。
（2）考核目标
使用提供的贴图素材制作材质球并赋予模型，实现参考图9-25的效果。
（3）考核重点与难点
材质球，基础表达式。
（4）考核要素
材质表现效果准确、良好，材质表达式使用准确。

图9-25　场景模型参考

2. 项目二

（1）考核题目
角色贴图、材质。
（2）考核目标
使用提供的贴图素材制作材质球并赋予模型，实现参考图9-26的效果。
（3）考核重点与难点
材质球，基础表达式。
（4）考核要素
材质表现效果准确、良好，材质表达式使用准确。

图9-26　角色参考（图片来源：虚幻商场GR Customizable Femele DI）

3. 项目三

（1）考核题目

地形。

（2）考核目标

根据参考图9-27，制作场景的地形。

（3）考核重点与难点

检查地形工具掌握程度，地形结构和材质的准确性。

（4）考核要素

地形雕刻、地形材质、植物工具。

图9-27　地形基础参考

4. 项目四

（1）考核题目

小型场景。

（2）考核目标

使用提供的资源素材搭建小型场景，实现参考图9-28的效果。

（3）考核重点与难点

模型材质、地形材质、植物、基础光照。

（4）考核要素

整体布局、视觉效果、细节合理性。

图9-28　场景基础参考

5. 项目五

（1）考核题目

地下城场景。

（2）考核目标

使用提供的资源素材搭建地下城场景，实现参考图9-29的效果。

（3）考核重点与难点

模型材质、光源、雾气、场景搭建、空间布局。

（4）考核要素

整体布局、视觉效果、细节合理性。

图9-29　地下城场景参考（图片来源：虚幻商场Multistory Dungeons）

6. 项目六

（1）考核题目

村庄场景。

（2）考核目标

使用提供的资源素材搭建完整的村庄型场景，实现参考图9-30的效果。

（3）考核重点与难点

模型材质、地形材质、植物、基础光照、场景搭建、空间布局。

（4）考核要素

整体布局、视觉效果、细节合理性。

图9-30　村庄场景参考（图片来源：虚幻商场Advanced Viuage Pack）

7. 评分细则

总分100分。

● 工程目录结构合理，各类资源命名规范（15分）。

● 材质球制作准确，材质表现良好（30分）。

● 场景布局准确，空间比例合理（25分）。

● 整体氛围效果良好，包含光照、雾气等（30分）。

附录A　职业技能等级证书标准说明

一、动画制作职业技能等级标准说明

1. 范围

本标准规定了动画制作职业技能等级对应的工作领域、工作任务及职业技能要求。

本标准适用于动画制作职业技能培训、考核与评价，相关用人单位的人员聘用、培训与考核可参照使用。

2. 术语和定义

动画（Animation）

动画是指逐帧拍摄对象再连续播放而形成的运动影像，也指由计算机图像技术生成的连续运动影像。动画通过创作者的设计与制作，使一些有或无生命的事物拟人化、夸张化，赋予其人类的感情、动作，可将架空或现实的场景加以绘制使其画面化。

动画依制作技术不同可分为手绘动画、定格动画、数字动画等；依传播媒介不同可分为电视动画、电影动画、网络动画、游戏动画等；依创作用途不同可分为商业动画、艺术动画、实验动画、应用动画等。

3. 适用院校专业

中等职业学校：动漫与游戏设计、工艺美术、绘画、艺术设计与制作、界面设计与制作、数字媒体技术应用、计算机平面设计、计算机应用、数字影像技术、影像与影视技术、软件与信息服务、广播影视节目制作、数字广播电视技术、民族美术、美术绘画、舞台艺术设计与制作、建筑表现、家具设计与制作、包装设计与制作、印刷媒体技术、服装陈列与展示设计、首饰设计与制作、工艺品设计与制作、民族工艺品设计与制作等相关专业。

高等职业学校：艺术设计、数字媒体艺术设计、动漫设计、动漫制作技术、游戏艺术设计、美术、美术教育、公共艺术设计、影视动画、影视多媒体技术、影视编导、影视制片管理、视觉传达设计、广告艺术设计、舞台艺术设计与制作、网络新闻与传播、文化创意与策划、人物形象设计、计算机应用技术、软件技术、计算机信息管理、数字媒体艺术设计、数字媒体技术、数字图文信息技术、数字图文信息处理技术、虚拟现实应用技术、展示艺术设计、建筑设计、建筑动画技术、建筑室内设计、出版策划与编辑、包装策划与设计、包装艺术设计、产品艺术设计、印刷数字图文技术、印刷媒体技术、数字印刷技术、室内艺术设计、环境艺术设计、家具艺术设计、工艺美术品设计、广播影视节目制作、数字广播电视技术、摄影与摄像艺术、摄影摄像技术、融媒体技术与运营、网络直播与运营、艺术教育、服装与服饰设计、雕塑设计、雕刻艺术设计、民族美术等相关专业。

应用型本科学校：美术、动画、数字动画、游戏创意设计、展示艺术设计、数字影像设计、戏剧影视美术设计、数字媒体艺术、数字媒体技术、新媒体艺术、影视技术、艺术与科技、视觉传达设计、公共艺术设计、影视摄影与制作、跨媒体艺术、艺术设计学、计算机科学与技术、网络与新媒体、数字出版、艺术与科技、产品设计、公共艺术、艺术教育、工业设计、传播学、广告学、包装设计、园艺、工艺美术、数字广播电视技术、广播电视学、广播电视编导、戏剧影视导演、新媒体技术、全媒体新闻采编与制作、漫画、环境设计、电影制作、电影学、绘画、美术学、雕塑、园林景观工程、城市设计数字技术、服装与服饰设计、时尚品设计、舞台艺术设计、文物修复与保护、产品设计、建筑设计、影视编导、环境艺术设计、美术、虚拟现实技术等相关专业。

高等职业教育本科学校：美术、动画、数字动画、游戏创意设计、展示艺术设计、数字影像设计、戏剧影视美术设计、数字媒体艺术、数字媒体技术、新媒体艺术、影视技术、艺术与科技、视觉传达设计、公共艺术设计、影视摄影与制作、跨媒体艺术、艺术设计学、计算机科学与技术、网络与新媒体、数字出版、艺术与科技、产品设计、公共艺术、艺术教育、工业设计、传播学、广告学、包装设计、园艺、工艺美术、数字广播电视技术、广播电视学、广播电视编导、戏剧影视导演、新媒体技术、全媒体新闻采编与制作、漫画、环境设计、电影制作、电影学、绘画、美术学、雕塑、园林景观工程、城市设计数字技术、服装与服饰设计、时尚品设计、舞台艺术设计、文物修复与保护、产品设计、建筑设计、影视编导、环境艺术设计、美术、虚拟现实技术等相关专业。

4. 面向职业岗位（群）

主要面向影视、动画、艺术设计和数字制作相关行业，从事包括动画设计、原画设计、计算机制图、三维创意设计与制作、游戏动画制作、虚拟现实设计、数字文化创意与媒体艺术等职业在内的企事业单位工作人员，包括但不限于原画设计与制作、三维图像建模、视频剪辑、视频特效、视频合成、栏目包装、动画编辑、图像处理、资源制作、虚拟现实环境搭建、交互设计（虚拟现实方向）、交互设计（增强现实方向）、游戏设计等岗位（群）。

二、动画制作职业技能等级证书标准开发说明

为了能够让岗位培训更有系统性，更具有延展性，我们在原有企业技能培训基础上，将院校系统与教学进行融合。采用校企贯通的职业技能培训模式，弥补当下职业教育缺乏实战性，企业培训缺乏长期系统性的问题，实现双方在实战与系统相衔接及优势互补。集团项目团队先后与国内数十家专业院校以及影视、游戏、VR交互领域不同类型的企业专家联合研发产教融合大学生实习与实训、教学与生产标准。目前正在使用的标准分为四个核心系统：核心学习能力系统、专业生产能力系统、职业创造能力系统、教师教学能力系统。每个系统分别由若干能力模块构成，共有20个模块大类，而每个模块又由有不同岗位技能组成，每个岗位技能吻合匹配高校相关学科，部分内容已量化到知识点。具体技能情况如下图所示。

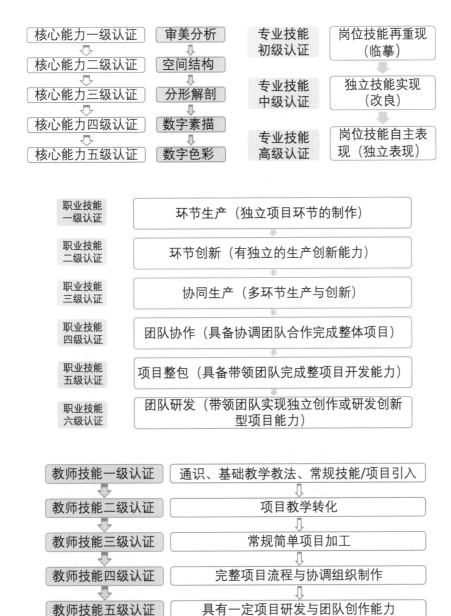

三、动画制作职业技能等级证书（初级）核心学习能力基本要求

1. 核心学习能力

能根据项目制作流程规定，利用计算机和数位板等工具，开展基础性的分镜脚本绘制、角色设计、场景和道具设计、世界观设计工作；能初步利用软件实现三维角色和三维道具的常规制作；能简单地对视频镜头进行筛选剪辑，对视频内容进行合成输出；了解动画制作领域通识性知识，具备初步的动画赏析能力。

2. 职业技能等级要求描述

表1 动画制作职业技能等级要求（初级）

工作领域	工作任务	职业技能要求
分镜脚本	静态分镜	• 能够根据构图学理解镜头的表现效果 • 能够通过色彩关系，构建镜头基础氛围 • 能够针对独立镜头，绘制匹配的镜头画面 • 能够简单串接各独立分镜形成视频情节 • 能够使用计算机与数位板进行电脑分镜设计
	动态分镜	• 掌握至少一款软件，可以对简单分镜元素进行动态链接 • 了解镜头之间的组接原理，并能简单进行镜头之间的动态衔接 • 能够使用二维或三维制作动态分镜的内容 • 有能力通过动态分镜表达一个短剧情 • 有能力将动态分镜输出成适合的视频格式
	延展分镜	• 有能力制作四格漫画 • 有能力制作多格漫画 • 有能力制作简单情节条漫 • 有能力制作情节较为简单的短视频分镜
概念设计	角色设计	• 能够根据文字设定再现基本角色形象 • 能够运用传统纸笔与计算机、数位板等数字工具进行绘制 • 能够将常规构图、色彩、透视、艺用人体解剖、人体运动规律等理论知识与绘制过程结合 • 了解二维设计、三视图设计原理
	场景/道具设计	• 能够对道具及简单场景进行造型构建并能够以色彩烘托场景气氛 • 能够运用传统纸笔与计算机、数位板等数字工具进行绘制 • 能够使用构图、色彩、透视等理论知识，对场景/道具进行图像再现 • 能够在规定时间内，按文字要求设计简单道具和小型场景
	世界观设计	• 能够理解世界观内的基本逻辑关系 • 能够设计小型局部世界观 • 能够运用传统纸笔与计算机、数位板等数字工具进行制作 • 能够将局部世界观设计之间进行简单串接
影像采集	静态素材采集	• 掌握静态影像采集的基本知识和技能 • 能够辅助摄影师进行拍摄前的器材准备等工作 • 能够辅助摄影师做好拍摄期间的相关设备支持协助工作 • 能够辅助摄影师做好拍摄后的器材清单和入库工作
	动态素材采集	• 掌握动态影像采集的基本知识和技能 • 能够辅助摄像师进行拍摄前的器材准备等工作 • 能够辅助摄像师做好拍摄期间的相关设备支持协助工作 • 能够辅助摄像师做好拍摄后的器材清单和入库工作
	媒资管理	• 掌握拍摄素材的分类规范 • 掌握拍摄素材的命名规范 • 掌握素材的录入与调取流程 • 掌握一定的素材甄选和判断能力 • 了解媒资分配和权限规则

续表

工作领域	工作任务	职业技能要求
二维制作	道具场景制作	• 了解二维动画制作的基本常识 • 能够制作简单的二维道具 • 能够制作小型或局部二维场景 • 至少掌握一款二维制作软件
	角色制作	• 了解二维动画角色的基本常识 • 能够制作简单的二维角色 • 能够设计与制作不同比例的角色 • 至少掌握一款二维制作软件
	特效制作	• 了解常见物质的特性 • 合理根据不同物质进行特效设计 • 能够根据已有色彩进行特效色彩指向 • 至少掌握一款二维制作软件
	动画制作	• 了解角色运动规律和物理运动规律 • 能够进行关键帧的补间动画制作 • 掌握常规拷贝逻辑和方法 • 至少掌握一款二维制作软件
三维制作	角色制作	• 能够运用数字软件常用操作功能与命令 • 能够搭建角色模型，并合理分配模型坐标（UV） • 能够使用图片制作角色贴图并能够准确绘制贴图 • 能够使用不同三维软件，进行高精度模型的设计与制作 • 能够制作法线贴图、环境贴图、AO 贴图、凹凸贴图、反射贴图、高光贴图、光照纹理贴图等，能够用高/低精度模型烘焙贴图 • 掌握除三维软件默认格式之外的obj、3ds、3dc、dwf、fbx、3mf等多种互通格式
	道具制作	• 能够合理地构建道具模型布线 • 能够制作不同精度的三维道具模型 • 能够根据模型实际情况进行UV分展 • 能够掌握基础贴图与材质
	场景制作	• 能够合理地构建场景模型布线 • 能够运用数字软件常用操作功能与命令 • 能够使用图片制作场景贴图并能够准确绘制贴图 • 掌握除三维软件默认格式之外的obj、3ds、3dc、3dwf、fbx、3mf等多种互通格式
角色动画	二维角色动画	• 掌握至少一款二维软件进行角色动画制作 • 能够进行角色补间帧的绘制 • 能够制作一个角色的简单动作
	骨骼绑定	• 能够掌握骨骼的基本设置 • 能够掌握骨骼绑定的基本流程 • 了解权重设置与人物特征的关系 • 掌握至少一款三维软件进行角色动画制作

工作领域	工作任务	职业技能要求
角色动画	动画设计	• 掌握角色动画的关键帧设置 • 掌握二足角色的走路、跑步等基本动作设置 • 掌握四足角色的简单动作设置 • 能够制作简单的机械角色动画
镜头剪辑	镜头组接	• 掌握基本镜头组接规律 • 能够粗略筛选有效镜头 • 能够简单使用转场衔接镜头 • 能够构建简单的镜头情景 • 掌握至少一款剪辑软件
	色彩校正	• 能够对镜头的明暗关系进行协调 • 能够对镜头的色彩饱和度、色相、冷暖等关系进行简单的统一协调 • 能够设计简单的镜头主色调 • 掌握至少一款剪辑软件
	渲染输出	• 了解常规视频输出格式 • 掌握常用渲染输出流程 • 掌握至少一款剪辑软件
视效特效	视效模板	• 能够掌握模板的基本使用方式 • 熟悉各类模板的特点和应用领域 • 能够根据特效模板进行元素替换 • 掌握至少一款视效合成软件
	特效设计	• 能够掌握动画素材基础合成技能 • 能够进行简单粒子、路径、字体等特效制作 • 能够使用灯光进行特效制作 • 掌握至少一款视效合成软件
	视频渲染	• 能够理解不同模式下的渲染差别 • 能够理解不同设备与不同软件的渲染特性 • 能够使用不同软件之间的协调操作 • 能够掌握不同精度下的视频渲染方法
引擎动画	素材管理	• 能够对图像、模型、材质、音乐、音效等各类素材进行导入与调用 • 能够在引擎内对素材进行分类管理 • 掌握至少一款引擎制作软件
	基本操作	• 能够在引擎中对基本元件进行常规移动、旋转、缩放等操作 • 能够对引擎内元素进行简单的场景布局 • 能够设置简单的灯光、摄像机
	动画设置	• 能够掌握模型动画的导入 • 能够掌握引擎内各类常规动画的简单设置 • 能够设置简单的音效或音乐

附录B　职业技能考核培训方案准则

为贯彻落实《国家职业教育改革实施方案》《关于在院校实施"学历证书+若干职业技能等级证书"制度试点方案》等文件精神，推动我国动画制作职业技能人才建设，特制定动画制作职业技能等级证书考核方案。

动画制作职业技能等级证书的考核内容和考核标准由数十位具有丰富实战和教学经验的院校专家以及行业专家共同设计与研发而成。全国数十家动漫、影视、游戏企业提供了自己的用人需求和版权案例应用于标准和题库的开发。

证书考核整合了近年内，动画制作领域用人需求较为集中的9个岗位方向的要求，其中包括分镜脚本、概念设计、影像采集、二维制作、三维制作、角色动画、镜头剪辑、视觉特效合成、引擎动画等。考核目标的初、中、高级设计，为行业中项目制作对人才能力需求的基本划分。我们在考题设计的时候设计了弹性机制，以年度为单位，根据本年度全国专业院校的实际调研情况，科学、系统、迭代地进行考题难度的逐年提升。

一、考核方式

中国动漫集团有限公司将在1+X动画制作职业技能等级证书官方网站（http://www.asiacg.cn/）上发布考核通知。考生按照发布的考核通知通过官方网站自愿报名。

初级考核方式为闭卷考试，考核由理论考试、实操考试、答辩三部分组成。理论考试采用机考方式，包含单选、多选等题目。实操考试采用机考方式。理论考试和实操考试接续完成。理论考试时间不超过1小时，实操考试时间不超过2小时，考试总时长不超过3小时。

二、考核内容

动画制作（初级）：根据动画制作职业技能等级标准，考核考生动画制作核心学习的能力。能够使用计算机、数位板等工具，较为熟练地运用常见的二维、三维、后期以及项目管理软件。根据授权项目的规范化流程要求，利用所学技能在分镜脚本、概念设计、影像采集、二维制作，三维制作、角色动画、镜头剪辑、视觉特效合成、引擎动画等岗位中任选其一，并在规定时间内完成流程中相关的片段工作任务。具备动画制作岗位基本需求的卡通形象设计、审美分析、分形基础知识。具备基础性的动画产业知识。

三、考核成绩评定

理论考试满分为100分；实操考试满分为100分。

初级：理论考试与实操考试单项均超过50分，且理论考试按权重40%、实操考试按权重60%计算的总分超过60分，可以获得初级证书。

四、考核组织

考试时间：每年两次正常考试，分别在4月—6月、10月—1月期间参考学校教学考试时间安排进行。考试时间将提前3个月在官方网站发布。

考试方式：由培训评价组织从题库中抽选题目组卷，在全国的考点进行统一考试。

成绩查询：初级证书考试15个工作日后可在官方网站查询成绩及是否通过。

补考：每年每次考试后1个月左右，由培训评价组织针对没有通过的考生安排一次补考。补考采用全线上机考方式进行，考核成绩评定规则与正常考试相同。初级证书补考后15个工作日后可在官方网站查询成绩及是否通过。补考未通过者即为本次考试未通过。

证书发放：各级别考试成绩通过且经核查无误后，由培训评价组织按规定通过系统生成电子证书予以发放。

五、认定办法

动画制作职业技能等级证书分为初级、中级、高级三个级别。高级别涵盖低级别职业技能要求。考生考试通过后，发放相应等级的证书。

考生可根据自身动画制作职业技能水平选择考试级别。初级证书和中级证书考试，所有考生均可直接参加。高级证书考试，考生需具有中级证书才可报名参加。

参加多次考试的考生，动画制作职业技能按其所通过的最高级别的证书予以认定。